普通高等教育"十三五"规划教材

环境监测与实训

主　编　邹美玲　王林林
副主编　李甲亮　李学平　单长青
参　编　张晨曦　隋　涛

北　京
冶金工业出版社
2023

内 容 提 要

全书内容共7章,分别为绪论、水和废水监测及实训、空气和废气监测及实训、固体废物监测及实训、土壤质量监测及实训、物理性污染监测及实训、突发性环境污染事故应急监测及实训。

本书可供高等学校环境类及生态类专业实验教学使用,也可供环境保护相关领域的工程技术人员和管理人员参考。

图书在版编目(CIP)数据

环境监测与实训/邹美玲,王林林主编. —北京:冶金工业出版社,2017.9 (2023.1 重印)
普通高等教育"十三五"规划教材
ISBN 978-7-5024-7630-4

Ⅰ.①环… Ⅱ.①邹… ②王… Ⅲ.①环境监测—高等学校—教材 Ⅳ.①X83

中国版本图书馆 CIP 数据核字(2017)第 249502 号

环境监测与实训

出版发行 冶金工业出版社		**电 话**	(010)64027926
地 址 北京市东城区嵩祝院北巷 39 号		**邮 编**	100009
网 址 www. mip1953. com		**电子信箱**	service@ mip1953. com

责任编辑 宋 良 郭冬艳 美术编辑 吕欣童 版式设计 孙跃红
责任校对 禹 蕊 责任印制 禹 蕊
北京富资园科技发展有限公司印刷
2017 年 9 月第 1 版,2023 年 1 月第 2 次印刷
880mm×1230mm 1/32;4.625 印张;155 千字;137 页
定价 20.00 元

投稿电话 (010)64027932 投稿信箱 tougao@cnmip. com. cn
营销中心电话 (010)64044283
冶金工业出版社天猫旗舰店 yjgycbs. tmall. com
(本书如有印装质量问题,本社营销中心负责退换)

前　言

随着科学技术的发展，环境监测的内容也不断扩展，由对工业污染源的监测逐步发展到对大环境的监测，即监测对象不仅是影响环境质量的污染因子，还延伸到对生物、生态变化的监测，从确定环境实时质量发展到预测环境质量。

本书在编写过程中，遵循"区域经济发展对市场的需求设置专业，针对岗位能力开发课程，针对工作任务训练技能，针对岗位标准实施考核"的专业建设指导思想，在深入调研市场需求的基础上，与行业专家、企业一线技术骨干和往届毕业生进行访谈，了解专业市场需求和主要职业岗位，共同确定专业定位和人才培养目标，并由此安排授课内容。

全书内容共7章，在介绍环境监测内容的基础上，配备了各章节的实训内容。书中内容密切结合"任务驱动，学生主体，教、学、做一体化"的教学模式。按岗位工作内容设计教学内容，以任务驱动开展教学活动；按岗位工作过程设计教学过程，在教学过程中，以学生为主体，教师为主导；按岗位工作场景设计学习场所，融教、学、做于一体；按工作成效设计教学评价，课程评价为过程化考核。同时，本书在内容编排上还兼顾了专、兼职教师共同授课的教学需求。

本书可以供面向区域经济发展的工矿企业、环境监测站、污水处理站和环保公司及相关部门的工作人员参考。

　　本书的出版得到了滨州学院出版基金的资助；编写工作得到了滨州学院资源与环境工程学院领导及同事的热情帮助，在此表示衷心的感谢！

　　由于作者水平有限，书中不当之处，敬请读者批评指正。

编　者

2017 年 6 月

于山东 滨州学院

目　　录

1 绪 论

1.1 环境问题及监测概述

1.1.1 环境问题

环境问题是指由于人类活动作用于周围环境所引起的环境质量变化以及这种变化对人类的生产、生活和健康造成的影响。简单地说，不利于人类生存和发展的环境结构和状态的变化，就是环境问题。

环境问题多种多样，归纳起来有两类：一类是自然演变和自然灾害引起的原生环境问题，也叫第一环境问题，如地震、火山喷发、洪涝、干旱等；另一类是人类活动引起的次生环境问题，也叫第二环境问题，如生态破坏、环境污染等。

1.1.2 环境监测的目的

环境监测的目的是准确、及时、全面地反映环境质量现状及发展趋势，为环境管理、污染源控制、环境规划等提供科学依据。具体为：

（1）根据环境质量标准，评价环境质量。

（2）根据污染特点、分布情况和环境条件，追踪污染源，研究和提供污染变化趋势，为实现监督管理、控制污染提供依据。

（3）收集本底数据，积累长期监测资料，为研究环境容量、实施总量控制、目标管理、预测预报环境质量提供数据。

（4）为保护人类健康、保护环境、合理使用自然资源，制定环境法规、标准、规划服务。

1.1.3 环境监测的发展

环境监测经历了三个发展阶段：

（1）被动发展。

环境科学作为一门学科是在 20 世纪 50 年代才开始发展起来的。此阶段促进了分析化学的发展，称为污染监测阶段或被动监测阶段。

（2）主动监测。

20 世纪后期，人们逐渐认识到影响环境质量的因素不仅是化学因素，还有物理、生物等因素。同时，从点污染的监测发展到面污染及区域性的立体监测。这一阶段称为环境监测阶段，也成为主动监测或目的监测阶段。

（3）自动监测。

自 20 世纪 70 年代开始，发达国家相继建立了连续自动监测系统，在地区布设网点或在重点污染源布设监测点，进行在线监测，采用了遥感、遥测手段。监测仪器使用电子计算机遥控，数据用有线或无线传输的方式送到监测中心控制室，经电子计算机处理，可自动打印成指定的表格，据此分析污染态势和浓度分布，可以在极短时间内观察到空气、水体污染浓度变化，预测预报未来环境质量。这一阶段称为污染防治监测阶段或自动监测阶段。

1.2　环境监测特点

环境监测就其对象、手段、时间和空间的多变性、污染组分的复杂性等，其特点可以归纳为：

（1）环境监测的综合性。

1）监测手段包括化学、物理、生物、物理化学、生物化学及生物物理等一切可以表征环境质量的方法；

2）监测对象包括空气、水体、土壤、固体废物、生物等客体，只有对这些客体进行综合分析，才能确切描述环境质量状况；

3）对监测数据进行统计处理、综合分析时，涉及该地区的自然和社会各个方面情况，必须综合考虑才能正确阐明数据的内涵。

（2）环境监测的连续性。

由于环境污染具有时间、空间分布性等特点，因此，只有坚持长期监测，才能从大量的数据中揭示其变化规律，预测其变化趋势。数据样本越多，预测的准确度就越高。

（3）环境监测的追溯性。

环境监测包括监测目的的确定，监测计划的制订、采样、样品运送和保存、实验室测定和数据处理等过程，是一个复杂又有联系的系统，任何一步的差错都将影响最终数据的质量。为使监测结果具有一定的准确度，并使数据具有可比性、代表性和完整性，须有一个量值追溯体系予以监督。为此，需要建立环境监测的质量保证体系。

1.3 环境标准体系

环境标准是为了保护人类健康、防治环境污染和维护生态平衡，对环境保护工作中需要统一的各项技术规范和技术要求所做的规定。

环境标准是政策、法规的具体体现，是环境管理的技术基础。

1.3.1 我国的环境标准体系

我国的环境标准体系分为：国家环境保护标准、地方环境保护标准和国家环境保护行业标准。

1.3.2 重要的环境标准

我国现行重要的环境标准如下：

（1）《地表水环境质量标准》。

1）适用范围：江、河、湖、渠、库。

2）地面水功能区划分为5类：

一类　源头水、国家自然保护区；

二类　生活饮用水一级保护区、珍惜水生物栖息地和鱼虾产卵地；

三类　生活饮用水源二级保护区、鱼虾越冬、水产养殖区；

四类　一般工业用水区；

五类　农业用水区。

（2）《污水综合排放标准》。

1）适用范围：排放污水的一切企、事业单位。

2）将污染物按性质和控制方式分为两类：

第一类：指能在环境或动、植物体内积累，对人体健康产生长远不良影响的污染物，一律在车间或车间处理设施排放口采样；

第二类：指长远影响小于第一类污染物的污染物质，在排污单位的排放口采样。

第二类污染物分为三级，按排放去向不同，执行标准也不同：

① 排入 GB 3838 Ⅲ类水域的废水执行一级标准；

② 排入Ⅳ、Ⅴ类水域的废水执行二级标准；

③ 排入城镇污水处理厂的废水执行三级标准。

（3）《环境空气质量标准》。

1）按空气功能区划分为三类。

一类区：国家规定的自然保护区、风景名胜区和其他需特殊保护的地区；

二类区：城镇规划中确定的居住区、商业交通居民混合区、文化区、一般工业区和农村地区；

三类区：特定工业区。

2）标准分级：分为三级。

（4）《锅炉大气污染物排放标准》。

1）适用范围：锅炉废气；

2）排放速率标准分级：污染源所在环境功能区类别1、2、3类，分别执行该标准的1、2、3级标准；

3）时段：Ⅰ时段指2000年12月31日及以前建成使用的锅炉，Ⅱ时段指2001年1月1日起建成使用的锅炉。

（5）《声环境质量标准》。

1）范围：城市区域；

2）功能区分：0、1、2、3、4类；

3）标准值分：昼间、夜间。

（6）《工业企业厂界噪声排放标准》。

1）范围：工业企业、机关、事业单位、团体；

2）功能区分：0、1、2、3、4类；

3）标准值分：昼间、夜间。

同步练习题

练习 1　地面水环境质量标准

某地有一条河流，其水主要功能为农灌用水，采用几级标准对该河流进行评价，其 COD 值为多少？测定得到该河流水 COD 值为 35mg/L，NH_3-N 为 10mg/L。试判断该河流水质是否符合标准要求？

练习 2　污水综合排放标准

某石油化工厂坐落在二级水源保护地区，1996 年 10 月份环评批复后开始建设，1999 年 10 月建成投产。问：排放的污水应执行几级标准，其 SS、COD 标准值各为多少？

（1）根据建设时间确定标准时段，执行新老标准；

（2）根据工厂的位置确定执行几级标准；

（3）选择标准限值。

练习 3　环境空气质量标准

某生活小区坐落在工业和居住混合区，安装的大气自动监测仪监测数据统计结果是，全年 SO_2：0.05mg/m³，PM10：0.15mg/m³，NO_2：0.03mg/m³。试判断该地区环境空气质量是否符合标准要求。

（1）空气质量有没有时段；

（2）根据位置确定执行几级标准；

（3）查看对应的标准值，对照监测数据判断。

2 水和废水监测及实训

2.1 水质监测布点

2.1.1 地面水质监测方案的制订

流过或汇集在地球表面上的水,如海洋、河流、湖泊、水库、沟渠中的水,统称为地表水。

2.1.1.1 河流监测断面的设置

断面的设置采用三断面法:对于江、河水系或某一河段,要求设置三种断面——对照断面、控制断面、削减断面。

A 对照断面

设置目的:了解流入某一区域(监测段)前的水质状况,提供这一水系区域本底值。

设置方法(位于该区域所有污染源上游处,排污口上游 100～500m 处):

(1)设在河流进入城市或工业区之前的地方;

(2)避开各种废水、污水流入或回流处。

断面数目:一个河段区域一个对照断面(有主要支流时可酌情增加)。

B 控制断面

设置目的:监测污染源对水质的影响。

设置方法(主要排污口下游较充分混合的断面下游):根据主要污染物的迁移、转化规律,河水流量和河道水力学特征确定,在排污口下游 500～1000m 处,因为在排污口下游 500m 横断面上的 1/2 宽度处重金属浓度一般出现高峰值。对有特殊要求的地区,如水产资源区、风景游览区、自然保护区、与水源有关的地方病发病区、严重水土流失区及地球化学异常区等的河段上，也应设置控制断面。

断面数目：多个。根据城市的工业布局和排污口分布情况而定。

C　削减断面

设置目的：了解经稀释扩散和自净后，河流水质情况。

设置方法：最后一个排污口下游 1500m 处（左中右浓度差较小的断面。小河流视具体情况）。

断面数目：1 个。

D　背景断面

设在基本上未受人类活动影响的河段，用于评价一个完整水系的污染程度。

2.1.1.2　湖泊、水库监测断面的设置

首先，判断是单一水体还是复杂水体，考虑汇入的河流数量，水体的径流量、季节变化及动态变化，沿岸污染源分布及污染物扩散与自净规律、生态环境特点等；然后，按照监测断面的设置原则确定监测断面的位置：

（1）在进出湖泊、水库的河流汇合处，分别设置监测断面；

（2）以各功能区为中心，在其辐射线上设置弧形监测断面；

（3）在湖库中心，深、浅水区，滞流区，不同鱼类的洄游产卵区，水生生物经济区等。设置监测断面。

2.1.1.3　采样点位的确定

河流上——选取采样断面。

采样断面上——选取采样垂线；水面宽度小于 50m，设一条中泓垂线；水面宽度 50～100m 近岸有明显水流处，各设一条垂线；水面宽度大于 100m，设左、中、右三条垂线（中泓、左、右近岸有明显水流处）。

采样垂线上——选取采样点。在一条垂线上，当水深不足 0.5m 时，在 1/2 水深处设采样点；水深 0.5～5m 时，只在水面下 0.5m 处设一个采样点；水深 5～10m 时，在水面下 0.5m 处和河底以上 0.5m 处各设一个采样点；水深大于 10m 时，设三个采样点，即水面下 0.5m 处、河底以上 0.5m 处及在 1/2 水深处各设一个采样点。

2.1.2 地下水质监测方案的制订

储存在土壤和岩石空隙中的水，统称为地下水。

2.1.2.1 采样点的设置

（1）背景监测点应设在污染区的外围不受或少受污染的地方；

（2）监测井（点）的布设。监测井布点时，应考虑环境水文地质条件、地下水开采情况、污染物的分布和扩散形式，以及区域水化学特征等因素。对于工业区和重点污染源所在地的监测井（点）布设，主要根据污染物在地下水中的扩散形式确定。

一般监测井在液面下 0.3～0.5m 处采样。若有间温层或多含水层分布，可按具体情况分层采样。

2.1.2.2 采样时间和采样频率的确定

（1）每年应在丰水期和枯水期分别采样测定；有条件的地方按地区特点分四季采样；已建立长期观测点的地方可按月采样监测。

（2）通常每一采样期至少采样监测 1 次；对饮用水源监测点，要求每一采样期采样监测 2 次，其间隔至少 10 天；对有异常情况的井点，应适当增加采样监测次数。

2.1.3 水污染源监测方案的制订

2.1.3.1 采样点的设置

水污染源一般经管道或渠、沟排放，截面积比较小，不需设置断面，而直接确定采样点位。

A 工业废水

（1）在车间或车间设备废水出口处，应布点采样测定一类污染物。这些污染物主要包括汞、镉、砷、铅和它们的无机化合物，六价铬的无机化合物，有机氯和强致癌物质等；

（2）在工厂总排污口处，应布点采样测定二类污染物。这些污染物有：悬浮物、硫化物、挥发酚、氰化物、有机磷、石油类、酮、锌、氟和它们的无机化合物、硝基苯类、苯胺类。

B 生活污水和医院污水

采样点设在污水总排放口。对污水处理厂，应在进、出口分别设置采样点采样监测。

2.1.3.2 采样时间和频率

A 车间和工厂废水

（1）可在一个生产周期内每隔 0.5 或 1h 采样 1 次，混合后测定污染物的平均值；

（2）取 3~5 个生产周期的废水样监测，可每隔 2h 取样 1 次；

（3）排污复杂、变化大的废水，时间间隔要短，有时要 5~10min 采样 1 次，最好使用连续自动采样装置；

（4）水质和水量变化稳定或排放规律的废水，找出污染物在生产周期内的变化规律，采样频率可降低，如每 30 天采样测定 2 次。

B 城市污水

城市排污管道大多数受纳 10 个以上工厂排放的废水。由于在管道内废水已经进行了混合，故在管道出水口，可每隔 1h 采样 1 次，连续采集 8h，也可连续采集 24h，然后将其混合，制成混合水样，测定各污染组分的平均浓度。

我国《环境监测技术规范》中，对向国家直接报送数据的废水排放源有以下采样规定：

（1）工业废水每年采样监测 2~4 次；

（2）生活污水每年采样监测 2 次，春、夏季各 1 次；

（3）医院污水每年采样监测 4 次，每季度 1 次。

2.2 水质样品采集

2.2.1 水样的类型

水样的类型分为：

（1）瞬时水样。在某一时间地点，从水体中随机采集的分散水样。

（2）混合水样。在同一采样点、不同时间采集多个瞬时水样混合后的水样。

（3）等时混合水样。在同一采样点等时间间隔采集等体积的多个水样于同一容器中，混合均匀后得到的样品。

（4）等比例混合水样。在某一时间段内，在同一采样点所采水样量随时间或流量成比例变化的混合水样，即在不同时间依照流量大小按比例采集的混合水样，这种水样适用于流量和污染物浓度不稳定的水样。

（5）综合水样。在不同采样点、按照流量的大小同时采集瞬时水样混合组成的水样。

（6）单项水样。满足特殊指标的特殊要求，单独采集的水样。

水样的采集和保存方法，主要考虑一些特殊指标。

2.2.1.1　地表水采样

A　采样方法和采样器

地表水检测中常用瞬时水样。

采集表层水时，可用桶、瓶沉至水面以下 0.3 ~ 0.5m 处直接采取；采集深层水时，采用专用或简易采样器。

一般情况下，用采集的水样清洗盛水容器 2 ~ 3 次，预留 10% 的顶空。但是测 DO、游离 CO_2、电导率、pH 水样时应充满，不留气泡空间。测定石油类和微生物的样品不能清洗。

B　采样数量

按照各个监测项目的实际情况分别计算，增加 20% ~ 30% 的余量；

通常情况下，供一般物理化学分析的项目用水量为 2 ~ 3L。

C　采样注意事项

易变指标须现场测定：水温、pH 值、电导率、DO、Eh（氧化还原电位）；

采样时不能搅动水底沉积物；

在水样采入或装入容器后，应立即按要求加保存剂；

测定油类的水样——在水面至 100mm 采集柱状水样，单独采集，全部用于测定，采样瓶（容器）不能用被采水样清洗；

测溶解氧、BOD 和有机污染物水样——注满容器、水封；

水样中含沉降性固体（如泥沙等）——静置 30min 分离出去，测定水温、pH、DO、电导率、总悬浮颗粒物和油类水样时除外；

测定湖库的 COD、高锰酸盐指数、叶绿素 α、TN、TP，水样静置 30min 后，用吸管一次或几次移取水样（水样表层 50mm 以下），再加保存剂保存。

在现场认真填写"水质采样记录表"，每个水样瓶都应贴上标签，塞紧瓶塞，必要时还要密封。

2.2.1.2 废水和污水的采集

A 采样方法

（1）浅水采样：浅埋排水管、沟道，用容器直接采样或用聚乙烯塑料长把勺采样；

（2）深水采样：埋层较深的排水管、沟道以及污水处理池中的水样采集，可用深层采集器或固定在负重架内的采样容器；

（3）自动采样：瞬时水样，时间等比例水样，流量等比例水样。

B 注意事项

采样时，须除去水面的杂物、垃圾等漂浮物，但是随废水流动的悬浮物或固体微粒，应当看成废水的一部分。

用于测定 SS、BOD、硫化物、油类、余氯的水样，必须单独定容采样，全部用于测定。

2.2.1.3 保存

A 水样的保存原则

尽可能现场测定；不能现场测定的样品采取保存措施，在有效期（清洁水样 72h，轻污染水样 48h，严重污染水样 12h）内测定。

B 水样保存的目的

（1）减缓水样的生物化学作用；

（2）减缓化合物或络合物的氧化还原作用；

（3）减少被测组分的挥发损失；

（4）避免沉淀、吸附或结晶物析出所引起的组分变化。

C 水样的保存方法

（1）低温冷藏与冷冻；

（2）过滤与离心分离；

（3）加入化学试剂。

要求：加入的保存剂不能干扰以后的测定，应选用优级纯试剂配制；根据样品的性质、组成和环境条件，选择空白试剂。

2.2.2　水样的采集

2.2.2.1　地表水样的采集

A　采样前的准备

采样前的准备为：

（1）容器的准备。高压低密度聚乙烯塑料容器用于测定金属及其他无机物的监测项目，玻璃容器用于测定有机物和生物等的监测项目。

（2）采样器的准备。采样前，选择合适的采样器清洗干净，晾干待用。

（3）交通工具的准备。最好有专用的监测船和采样船，若没有，根据气体和气候选用适当吨位的船只。根据交通条件选用陆上交通工具。

B　采样方法和采样器

a　采样方法

（1）船只采样：适用于一般河流和水库的采样，但不容易固定采样地点，往往使数据不具有可比性。

（2）桥梁采样：安全、可靠、方便，不受天气和洪水的影响，适合于频繁采样，并能在横向和纵向准确控制采样点位置。

（3）涉水采样：较浅的小河和靠近岸边浅的采样点可涉水采样，但要避免搅动沉积物而使水样受污染。

（4）索道采样：在地形复杂、险要，地处偏僻处的小河流，可架索道采样。

b　采样器

（1）水桶：适于采集表层水。

（2）单层采水瓶：最常用的采样器。

（3）急流采水器：适用于水流湍急的采样点处的采样。

（4）双层溶解气体采样瓶：测定溶解气体的水样。

（5）其他采样器：如塑料手摇泵、电动采水泵等。

C 样本操作

（1）表层水。可用桶、瓶等容器直接采取，一般将其沉至水面下 0.3~0.5m 处采集。

（2）深层水。可使用带重锤的采样器沉入水中采集。将采样容器沉降至所需深度（可从上面绑绳的标度看出），上提细绳打开瓶塞，待水样充满容器后提出。

（3）测定溶解气体（如溶解氧）。将采样器沉入要求水深处后，打开上部的橡胶管夹，水样进入小瓶（采样瓶）并将空气驱入大瓶，从连接大瓶短玻璃管的橡胶管排出，直到大瓶中充满水样，提出水面后迅速密封。

它是将一根长钢管固定在铁框上，管内装一根橡胶管，其上部用夹子夹紧，下部与瓶塞上的短玻璃管相连，瓶塞上另有一长玻璃管通至采样瓶底部。采样前塞紧橡胶塞，然后沿船身垂直伸入要求水深处，打开上部橡胶管夹，水样即沿长玻璃管流入样品瓶中，瓶内空气由短玻璃管沿橡胶管排出。这样采集的水样也可用于测定水中溶解性气体，因为它是与空气隔绝的。

2.2.2.2 废水样采集

（1）瞬时废水样。对于生产工艺连续、稳定的工厂，所排放废水中的污染组分及浓度变化不大，瞬时水样具有较好的代表性。

（2）平均废水样。当废水的排放量和污染组分的浓度随时间起伏较大时，需要根据实际情况采集平均混合水样或平均比例混合水样。

2.2.2.3 地下水样的采集

地下水的水质比较稳定，一般只需采集瞬时水样。

（1）从监测井中采集水样，常利用抽水机设备；

（2）对于自喷泉水，可在涌水口处直接采样；

（3）对于自来水，须在放水数分钟后再采样。

2.2.2.4 底质样品的采集

(1) 底质在水环境体系中的意义。

1) 记录污染历史, 反映难降解物的积累情况, 污染的潜在危险;

2) 底质对水质、水生生物有明显影响, 是天然水污染的重要标志;

3) 底质监测是水质监测重要组成部分。

(2) 底质监测断面的设置原则。

底质监测断面与水质监测断面相比: 设置原则——相同; 设置位置——重合; 原因——便于比较。

(3) 底质样品的采样频率和采样量:

1) 采样频率。每年在枯水期采 1 次, 必要时可在丰水期增采 1 次。

原因为: 底质比较稳定, 受水文、气象条件影响较小。

2) 采集量。底质样品采集量视监测项目、目的而定, 一般为1~2kg。如样品不易采集或测定项目较少时, 可予酌减。

2.2.2.5 流量的测定

(1) 测量参数: 水位 (m)、流速 (m/s)、流量 (m³/s) 等水文参数。

(2) 测定的意义: 计算水体污染负荷是否超过环境容量、控制污染源排放量、评估污染控制效果等工作中, 都必须知道相应水体的流量。

(3) 测量方法原则: 对于较大的河流, 水文部门一般设有水文监测断面, 应尽量利用其所测参数。

(4) 测量方法

1) 流速仪法: 对于水深、流速大的河、渠, 可用流速仪测定水流速度;

2) 浮标法: 这是一种粗略测量流速的简易方法;

3) 堰板法: 这种方法适用于不规则的污水沟、污水渠中水流量的测量;

4）其他方法：用容积法测定污水流量，简便易行。

2.2.3 水样的预处理

2.2.3.1 水样的消解

水样消解的作用为：破坏有机物；溶解悬浮物；将待测元素转化为单一高价态。

水样消解的要求为：透明、澄清、无沉淀；不引入待测组分和干扰组分；不损失待测组分。

A 湿式消解法

湿式消解法利用各种酸或碱进行消解。

（1）硝酸消解法。适用水样：较清洁水样。

（2）硝酸-高氯酸消解法。适用水样：含难氧化有机物的水样。

注：高氯酸能与羟基化合物反应生成不稳定的高氯酸酯，有发生爆炸的危险，故先加入硝酸，氧化水中的羟基化合物，稍冷后再加高氯酸处理。

（3）硝酸-硫酸消解法。不适用水样：易生成难溶硫酸盐组分（如铅、钡、锶）的水样。

注：硫酸沸点高，可提高消解温度和消解效果。

（4）硫酸-磷酸消解法。适用水样：含 Fe^{3+} 等离子的水样。

注：硫酸氧化性较强，磷酸能与 Fe^{3+} 等金属离子络合，两者结合消解水样，有利于测定时消除 Fe^{3+} 等离子的干扰。

（5）硫酸-高锰酸钾消解法。适用水样：消解测定汞的水样。

注：用盐酸羟胺溶液除去过量的高锰酸钾。

（6）多元消解法。指三元以上酸或氧化剂组成的消解体系。如处理测定总铬的水样时，用硫酸、磷酸和高锰酸钾消解。

（7）碱分解法。适用水样：当酸体系消解水样易造成挥发组分损失时，可改用碱分解法。即：$NaOH + H_2O_2$ 或 $NH_3 \cdot H_2O + H_2O_2$。

B 干灰化法（干式分解法、高温分解法）

分解过程：水浴蒸干→马弗炉内 450～550℃ 灼烧至残渣呈灰白色→冷却后用 2% HNO_3（或 HCl）溶解样品灰分→过滤→滤液定容

后供测定。

不适用：处理测定易挥发组分（如砷、汞、镉、硒、锡等）的水样。

2.2.3.2 富集与分离

当水样中的欲测组分含量低于分析方法的检测限时，必须进行富集或浓缩；当有共存干扰组分时，就必须采取分离或掩蔽措施。

富集与分离往往不可分割，需同时进行。常用的方法有过滤、挥发、蒸馏、溶剂萃取、离子交换、吸附、共沉淀、层析、低温浓缩等。

（1）挥发分离和蒸发浓缩。

挥发分离：利用某些污染组分挥发度大，或者将欲测组分转变成易挥发物质，然后用惰性气体带出而达到分离的目的。

蒸发浓缩：指在电热板上或水浴中加热水样，使水分缓慢蒸发，达到缩小水样体积，浓缩欲测组分的目的。此法简单易行，无需化学处理，但速度慢，易产生吸附损失。

（2）蒸馏法。

蒸馏法是利用水样中各污染组分具有不同的沸点而使其彼此分离的方法。

2.3   水质样品指标测定

2.3.1   物理性质的检验

2.3.1.1   水温

水的物理化学性质与水温有密切关系。水中溶解性气体（如氧、二氧化碳等）的溶解度、水生生物和微生物活动、化学和生物化学反应速度及盐度、pH 值等，都受水温变化的影响。

水温测量应在现场进行。常用的测量仪器有水温计、深水温度计、颠倒温度计和热敏电阻温度计。

（1）温度计法：测量范围：−6~41℃。用于表层水温度的测量。

（2）颠倒温度计法：用于测量深层水温度，一般装在颠倒采水器上使用。

2.3.1.2 色度

颜色、浊度、悬浮物等都是反映水体外观的指标。

纯水为无色透明。天然水中存在腐殖质、泥土、浮游生物和无机矿物质，使其呈现一定的颜色。工业废水含有染料、生物色素、有色悬浮物等，是环境水体着色的主要来源。

水的颜色可分为真色和表色两种，真色是指去除悬浮物后水的颜色；表色是指没有去除悬浮物的水所具有的颜色。水的色度（colority）一般是针对真色而言的。

测定水的色度的方法有两种：一是铂钴比色法，二是稀释倍数法。两种方法应独立使用，一般没有可比性。

（1）铂、钴比色法。

铂、钴比色法是用氯铂酸钾与氯化钴（或重铬酸钾与硫酸钴）配成标准色列，再与水样进行目视比色，以此确定水样的色度。

该方法适用于较清洁的、带有黄色色调的天然水和饮用水的测定。如果水样中有泥土或其他分散很细的悬浮物，用澄清、离心等方法处理仍不透明时，则测定的是"表色"。

（2）稀释倍数法。

该方法适用于受工业废水污染的地面水和工业废水颜色的测定。测定时，先用文字描述水样颜色的种类和深浅程度，如深蓝色、棕黄色、暗黑色等。然后取一定量水样，用蒸馏水稀释到刚好看不到颜色时，用稀释倍数表示该水样的色度。

所取水样应无树叶、枯枝等杂物，取样后应尽快测定，否则，于4℃保存，并在48h内测定。

2.3.1.3 臭

检验原水和处理水的水质必测项目之一。水中臭主要来源于生活污水和工业废水中的污染物、天然物质的分解或有关的微生物活动。

测定臭的方法一般用定性描述法。主要用词语来形容其臭特征，并按"臭强度等级表"划分的等级报告臭强度。

2.3.1.4　残渣

残渣是表征水中溶解性物质和不溶性物质含量的指标。

（1）总残渣。

总残渣是水和废水在一定的温度下蒸发、烘干后剩余的物质，包括总可滤残渣和总不可滤残渣。

测定方法：取适量（50mL）振荡均匀的水样于称至恒重的蒸发皿中，在蒸汽浴或水浴上蒸干，移入 103～105℃烘箱中烘至恒重，增加的重量即为总残渣。

$$总残渣 = \frac{(A-B)}{V} \times 1000 \times 1000 \quad (mg/L)$$

式中，A 为总残渣和蒸发皿质量，g；B 为蒸发皿质量，g；V 为水样体积，mL。

（2）总不可滤残渣（悬浮物 Suspended Substance，SS）。

总不可滤残渣是水样经过过滤后留在过滤器上的固体物质，于 103～105℃烘至恒重得到的物质量。

（3）总可滤残渣。

总可滤残渣是将过滤后的水样放在称至恒重的蒸发皿内蒸干，再在一定温度下烘至恒重所增加的重量。

2.3.1.5　电导率

水的电导率与其所含无机酸、碱、盐量有一定的关系。当它们的浓度较低时，电导率随浓度增大而增加。该指标常用于推测水中离子的总浓度或含盐量。

一般情况，新鲜蒸馏水的电导率为 0.5～2μS/cm，超纯水的电导率小于 0.1μs/cm，天然水的电导率多在 50～500μS/cm 之间，含酸、碱、盐的工业废水电导率往往超过 10000μS/cm，海水的电导率约为 30000μS/cm。

2.3.1.6　浊度

浊度是表现水中悬浮物对光线透过时所发生的阻碍程度。水中含有泥沙、黏土、有机物、无机物、浮游生物和微生物等悬浮物质时，可使光散射或吸收，浊度大。天然水经过混凝、沉淀和过滤等处理，变得清澈。

（1）目视比浊法。

将水样与用硅藻土配制的标准浊度溶液进行比较。适用于饮用水、水源水等低浊度水的测定，最低检测浊度为 1 度。

（2）分光光度法。

将一定量硫酸肼与 6 - 次甲基四胺聚合，生成白色高分子聚合物，作为浊度标准溶液，在一定条件下与水样进行浊度比较。该法适用于天然水、饮用水及高浊度水的测定，最低检测浊度为 3 度。

2.3.1.7　透明度

透明度是指水样的澄清程度。洁净的水是透明的。透明度与浊度相反，水中悬浮物和胶体颗粒物越多，其透明度就越低。

测定方法有：（1）铅字法；（2）塞氏盘法；（3）十字法。

（1）铅字法。将振荡均匀的水样快速倒入透明度计筒内，检验人员从透明度计的筒口垂直向下观察，缓慢放出水样，至刚好能清楚辨认其底部铅字的水样高度，为该水的透明度。大于 30cm 为透明水。该法主观影响较大，测时应取平均值，适用于天然水或处理后的水。

（2）塞氏盘法。

塞氏盘为直径 200mm、黑白各半的圆盘，将其背光平放入水，逐渐下沉，以刚好看不到它时的水深表示透明度，以 cm 为单位。

（3）十字法。

在内径为 30mm，长为 0.5m 或 1.0m，具刻度的玻璃筒底部放一白瓷片，上有宽度为 1mm 黑色十字和四个直径为 1mm 的黑点。将混匀的水样倒入筒内，从筒下部徐徐放水，直至明显看到十字，而看不到黑点为止。大于 1m 为透明。

2.3.2　金属化合物的测定

水体中的有害金属主要有：汞、镉、铬、铅、铜、锌、镍、钡、钒、砷……

金属化合物的测定方法主要有分光光度法、原子吸收法、阳极溶出伏安法和滴定法。

金属以不同形式存在时，其毒性大小不同，因此可以分别测定可过滤金属、不可过滤金属和金属总量。可过滤态金属指能通过孔径 $0.45\mu m$ 滤膜的部分；不可过滤态系指不能通过 $0.45\mu m$ 滤膜的部分；金属总量是指不经过滤的水样经消解后测得的金属含量，应为可过滤金属与不可过滤金属之和。

2.3.2.1　汞的测定

汞及其化合物属于剧毒物质，可在体内蓄积。水体中的无机汞可转变为有机汞，有机汞的毒性更大。有机汞通过食物链进入人体，可引起全身性中毒。天然水中含汞极少，一般不超过 $0.1\mu g/L$，我国饮用水标准限值为 $0.001mg/L$。

仪表厂、食盐电解、贵金属冶炼、军工等工业废水中的汞是水体中汞污染的主要来源。

国家标准规定，总汞的测定采用冷原子吸收分光光度法和高锰酸钾－过硫酸钾消解二硫腙分光光度法。

总汞是指未过滤的水样，经剧烈消解后测得的汞浓度，它包括无机的和有机结合的，可溶的和悬浮的全部汞。

测定方法见 GB 7468—87《水质　总汞的测定　冷原子吸收分光光度法》和 GB 4769—87《水质　总汞的测定　高锰酸钾－过硫酸钾消解法　二硫腙分光光度法》等。

A　冷原子吸收法

冷原子吸收法适用于各种水体，最低检测浓度为：$0.1 \sim 0.5\mu g/L$。

a　方法原理

汞原子蒸气对波长为 253.7nm 的紫外光有选择性吸收，在一定浓度范围内，吸光度与汞浓度成正比。水样经消解后，将各种形态的汞转变成二价汞，再用氯化亚锡将二价汞还原为元素汞，用载气（N_2 或干燥清洁的空气）将产生的汞蒸气带入测汞仪的吸收池测定吸光度，与汞标准溶液吸光度进行比较定量。

b　测定要点

（1）水样预处理：硫酸－硝酸介质中，加入高锰酸钾和过硫酸钾消解水样，使水中汞全部转化为二价汞，过剩氧化剂用盐酸羟胺溶液还原。

（2）绘制标准曲线：配制系列汞标准溶液，吸取适量汞标准液于还原瓶内，加入氯化亚锡溶液，迅速通入载气，测定吸光度，绘制标准曲线。

（3）水样的测定：取适量处理好的水样于还原瓶内，按照标准溶液测定方法测其吸光度，经空白校正后，从标准曲线上查得汞浓度，再乘以样品的稀释倍数，即得水样中汞浓度。

B 二硫腙分光光度法

二硫腙分光光度法适用于工业废水和受汞污染的地表水，最低检测浓度为 0.001mg/L，测定上限为 0.004mg/L。

a 方法原理

水样于 95℃，在酸性介质中用高锰酸钾和过硫酸钾消解，将无机汞和有机汞转变为二价汞。用盐酸羟胺还原过剩的氧化剂，加入二硫腙溶液，与汞离子生成橙色螯合物，用三氯甲烷或四氯化碳萃取，再用碱溶液洗去过量的二硫腙，于 485nm 波长处测定吸光度，以标准曲线法定量。

b 测定条件控制及消除干扰

该方法对测定条件控制要求较严格。例如，要求加盐酸羟胺不能过量；对试剂纯度要求高；有色配合物对光敏感，要求避光或在半暗室里操作等。

对干扰物铜离子，可在二硫腙洗脱液中加 1% EDTA（乙二胺二乙酸）二钠盐进行掩蔽。

对二硫腙的三氯甲烷萃取液，应采取相应措施进行回收处理。

2.3.2.2 镉的测定

镉的毒性很强，可在人体的肝、肾、骨骼等组织中积蓄，造成各内脏器官组织的损害，尤以对肾脏的损害最大，还可以导致骨质疏松和软化。

绝大多数淡水的含镉量低于 1μg/L，海水中镉的平均浓度为 0.15μg/L。镉的主要污染源是电镀、选矿、染料、电池和化学工业等排放的废水。

测定镉的方法主要为原子吸收分光光度法（AAs），可测定 Cu、Pb、Zn、Cd 等元素；测定快速，干扰少，应用范围广；可在同一试样中分别测定多种元素。测定时可采用直接吸入、萃取或离子交换富集后再吸入或石墨炉原子化等方法。

A　测定原理

将含待测元素的溶液通过原子化系统喷成细雾，随载气进入火焰，并在火焰中解离成基态原子。当空心阴极灯辐射出待测元素特征波长光通过火焰时，被其吸收，在一定条件下，特征波长光强的变化与火焰中待测元素基态原子的浓度有定量关系，从而与试样中待测元素的浓度 c 有定量关系。即：$A = K \times c$。

B　测定方法

（1）标准曲线法：配制相同基体的含有不同浓度待测元素的系列标准溶液，分别测其吸光度，绘制标准曲线；在同样操作条件下，测定试样溶液的吸光度，从标准曲线上查得浓度。

（2）标准加入法：取若干（不少于4份）体积相同的试样溶液，从第二份开始依次加入不同等份量的待测元素的标准溶液（如10、20、40μg），然后用蒸馏水稀释至相同体积后摇匀。在相同的实验条件下，依次测得各溶液的吸光度为 A_x、A_1、A_2、A_3。以吸光度 A 为纵坐标，以加入标准溶液的量（浓度、体积、绝对含量）为横坐标，作出 $A-c$ 曲线（不过原点），外延曲线与横坐标相交于一点 c_x，此点与原点的距离，即为所测试样溶液中待测元素的含量。

C　AAs 具体方式的选择：

（1）清洁的水样及废水样中含量较高时，可用直接吸入火焰原子吸收法测定；

（2）微量 Cd(Cu、Pb)，可经萃取或离子交换处理后用火焰原子吸收法测定；

（3）痕量 Cd(Cu、Pb)，可用石墨炉原子吸收法测定。

2.3.2.3　铅的测定

铅是可在人体和动植物组织中蓄积的有毒金属，其主要毒性效应是导致贫血、神经机能失调和肾损伤等。铅对水生生物的安全浓度为0.16mg/L。水体中铅的浓度大于 0.1×10^{-6} 时，即可抑制水体的自净作用。铅的主要污染源是蓄电池、冶炼、机械、涂料和电镀部门排放的废水。

测定水体中铅的方法与测定镉的方法相同，广泛采用原子吸收分光光度法和二硫腙分光光度法，也可以用阳极溶出伏安法和示波极谱法。

二硫腙分光光度法基于在 pH 8.5~9.5 的氨性柠檬酸盐－氰化物的还原介质中，铅与二硫腙反应生成红色螯合物，用三氯甲烷（或四氯化碳）萃取后，于510nm 波长处比色测定。

测定时要特别注意器皿、试剂及去离子水是否含痕量铅，对某些金属离子如 Bi^{3+}、Sn^{2+}、Fe^{3+} 的干扰，应事先予以处理。

该法适用于地面水和废水中痕量铅的测定，检测限为 0.01~0.30mg/L。

2.3.2.4 铜的测定

铜是人体所必需的微量元素，缺铜会发生贫血、腹泻等病症，但过量摄入铜亦会产生危害。金属铜毒性较小，易溶性铜化合物对水生生物的危害较大。铜对排水管网和净化工程也有影响，主要是腐蚀和使沉淀池运转效率降低。

世界范围内，淡水平均含铜 $3\mu g/L$，海水平均含铜 $0.25\mu g/L$。铜的主要污染源是电镀、冶炼、五金加工、矿山开采、石化和化工等部门排放的废水。

A 二乙氨基二硫代甲酸钠（DDTC）萃取分光光度法

原理：pH 9~10 氨性溶液中，铜离子与 DDTC 作用，生成黄棕色胶体配合物，用四氯化碳萃取，于440nm 处测吸光度。

此法最低检测浓度为 0.01mg/L，测定上限可达 3.0mg/L，已用于地面水和工业废水中铜的测定。

B 新亚铜灵萃取分光光度法

用新亚铜灵测定铜，具有灵敏度高、选择性好等优点，适用于地面水、生活污水和工业废水的测定。

原理：将水样中的二价铜离子用盐酸羟胺还原为亚铜离子，在中性或微酸性介质中，亚铜离子与新亚铜灵反应，生成黄色配合物，用三氯甲烷－甲醛混合溶剂萃取，于457nm 处测吸光度。

如用 10mm 比色皿，该方法最低检出浓度为 0.06mg/L，测定上限为 3mg/L。

测定时，须注意对干扰物（Be^{2+}、Cr^{6+}、Sn^{4+}、氰化物、硫化物、有机物）进行掩蔽。

2.3.2.5　锌的测定

锌在生物体中是一种必不可少的有益元素，成人每天约需摄入 80mg/kg（体重）的锌，儿童每日必须摄入 0.3mg/kg（体重）锌，摄入不足会造成发育不良。但锌对鱼类和其他水生生物影响较大，锌对鱼类的安全浓度约为 0.1mg/L。此外，锌对水体的自净过程有一定抑制作用。

锌的主要污染源是电镀、冶金、染料及化工等部门的排放废水。锌的测定方法常用的有原子吸收分光光度法、二硫腙分光光度法、阳极溶出伏安法和示波极谱法。

A　火焰原子吸收分光光度法

该法测定锌，简便快速，灵敏度较高，干扰少，适用于各种水体。

B　二硫腙分光光度法

原理：pH 4.0～5.5 的乙酸缓冲介质中，锌离子与二硫腙反应生成红色螯合物，用四氯化碳或三氯甲烷萃取后于 535nm 处，测吸光度，用标准曲线法定量。

测定中，应确保样品不被污染，可采用无锌水及无锌玻璃器皿。本法适用于天然水和轻度污染的地面水中锌的测定。

2.3.2.6　铬的测定

铬是生物体所必需的微量元素之一。三价铬能参与正常的糖代谢过程，而六价铬有强毒性，为致癌物质，并易被人体吸收而在体内蓄积。通常认为六价铬比三价铬毒性大，但是对于鱼类，三价铬比六价铬毒性高。水中不同价态的铬在一定条件下可以互相转换，所以在排放标准中，既要求测定六价铬，也要求测定总铬。

铬的工业污染源主要来自铬矿石的加工、金属表面处理、皮革加工、印染、照相材料等行业。铬是水质污染控制的一项重要指标，饮用水标准限值为不高于0.05mg/L。

A 二苯碳酰二肼分光光度法（适用于铬含量较少时）

（1）六价铬的测定原理。在酸性介质中，六价铬与二苯碳酰二肼（DPC）反应，生成紫红色络合物，于540nm处进行比色测定。本方法最低检出浓度为0.004mg/L，使用10mm比色皿，测定上限为1mg/L。

（2）总铬的测定原理。在酸性溶液中，首先将水样中的三价铬氧化成六价铬，过量的高锰酸钾用亚硝酸钠分解，过量的亚硝酸钠用尿素分解，然后加入二苯碳酰二肼显色，于540nm处比色测定。

B 硫酸亚铁铵滴定法

原理：适用于总铬浓度高于1mg/L的废水。在酸性介质中，以银盐作催化剂，用过硫酸铵将三价铬氧化成六价铬，加少量氯化钠并煮沸，除去过量的过硫酸铵和反应中产生的氯气，以苯基代邻氨基苯甲酸作指示剂，用硫酸亚铁铵标准溶液滴定至溶液呈亮绿色。根据硫酸亚铁铵溶液的浓度和进行试剂空白校正后的用量，可以计算出水样中总铬的含量。

2.3.2.7 砷的测定

砷不是生物所必需的元素。元素砷毒性极低，而砷的化合物均有剧毒，三价砷化合物比其他砷化物毒性更强，如As_2O_3（砒霜）的毒性最大。工业生产中，大部分是三价砷的化合物。

砷化物容易在人体内积累，造成急性或慢性中毒。砷污染主要来源于选矿、冶金、化工、制药、玻璃、制革等工业废水。砷化物能随粉尘、烟尘和污水等形式进入水体中。

测定水体中砷的方法有新银盐分光光度法、二乙基二硫代氨基甲酸银分光光度法和原子吸收分光光度法等。

A 新银盐分光光度法（硼氰化钾－硝酸银分光光度法）

原理：硼氰化钾在酸性溶液中产生新生态氢，将水样中无机砷还原为砷化氢气体，以HNO_3-AgNO_3－聚乙烯醇－乙醇溶液吸收，则砷化氢将吸收液中的银离子还原为单质胶态银，使溶液显黄色，其颜色强度与生成氢化物的量成正比，于400nm处测其吸光度，比色测定。

特点：灵敏度高，操作严格，应用范围广；适用于地面水和地下水中痕量砷的测定，最低检测浓度可达 0.16×10^{-9}，并可进行不同形态砷分析。检测限为：$0.4 \sim 12 \mu g/L$。

B　二乙氨基二硫代甲酸银分光光度法——总砷的测定

在碘化钾、酸性氯化亚锡作用下，五价砷被还原为三价砷，并与新生态氢（由锌与酸作用产生）反应，生成气态砷化氢（胂），被吸收于二乙氨基二硫代甲酸银（AgDDC）－三乙醇胺的三氯甲烷溶液中，生成红色的胶体银，在510nm波长处，以三氯甲烷为参比测其经空白校正后的吸光度，用标准曲线法定量。

该法最低检测浓度为 $0.007 mg/L$，测定上限为 $0.50 mg/L$。

2.3.3　非金属无机物的测定

2.3.3.1　pH值的测定

pH值是最常用的水质指标。天然水的pH值多在 $6 \sim 9$ 范围内；饮用水在 $6.5 \sim 8.5$ 间；某些工业用水的pH值必须保持在 $7.0 \sim 8.5$ 间，以防止金属设备和管道被腐蚀。

测定pH值的方法有玻璃电极法和比色法。

A　比色法

将系列已知pH值的缓冲溶液加入适当的指示剂制成标准色液，并封装在小安瓿瓶内，测量时取与缓冲溶液同量的水样，加入与标准系列同样的指示剂，然后进行比较，以确定水样pH值。

此法简便易行，但不适用于有色、浑浊，含较高游离氯、氧化剂和还原剂的水样。

B　玻璃电极法

以饱和甘汞电极为参比，以pH玻璃电极为指示电极组成原电池，在25℃下，每变化1个pH单位，电位差变化59.1mV。将电压表的刻度变为pH刻度，便可直接读出溶液pH值，温度差异可通过仪器上补偿装置进行校正。

实际中，常使用复合电极，制成便携式pH计到现场测定。

此法准确快速, 不受溶液浊度、胶体物质及各种氧化剂与还原剂干扰, 但 pH > 10 时, 产生较大误差, 称"钠差", 使读数偏低。克服"钠差"的办法除使用"低钠误差"电极外, 还可以选用与被测溶液 pH 值相近的标准缓冲溶液来加以校正。

2.3.3.2 溶解氧的测定

溶解于水中的分子态氧称为溶解氧。水中溶解氧的含量与大气压力、水温及含盐量等因素有关。清洁地表水溶解氧接近饱和。当有大量藻类繁殖时, 溶解氧可能过饱和。当水体受到有机物质、无机还原物质污染时, 会使溶解氧含量降低, 甚至趋于 0, 此时厌氧细菌繁殖活跃, 水质恶化。

测定方法: 碘量法和氧电极法。

2.3.3.3 氟化物的测定

氟是人体必需的微量元素之一, 缺氟易患龋齿病。饮用水中含氟的适宜浓度为 0.5～1.0mg/L, 当长期饮用含氟量高于 1.5mg/L 的水时, 则易患斑齿病, 如果水中含氟量高于 4mg/L 时, 则可导致氟骨病。氟化物广泛存在于天然水体中。

测定氟化物的方法有: 氟离子选择电极法、氟试剂分光光度法、茜素磺酸锆目视比色法、离子色谱法和硝酸钍滴定法。前两种应用较为广泛。对于污染严重的生活污水和工业废水, 以及含氟硼酸盐的水, 均要进行预蒸馏。清洁的地面水、地下水可直接取样测定。

A 氟试剂分光光度法

氟试剂即茜素络合剂 (ALC) 在 pH = 4.1 的醋酸缓冲介质中, 与氟离子和硝酸镧反应生成蓝色配合物, 颜色的深度与氟离子浓度成正比, 在 620nm 波长处比色定量。

此法适用于地面水、地下水和工业废水中氟化物的测定; 最低检测浓度 0.05mg/L; 测定上限 1.80mg/L。

B 氟离子选择电极法

测定简便、快速、灵敏, 灵敏度好, 可测定浑浊、有色水样; 最低检测浓度 0.05mg/L; 测定上限可达 1900mg/L。

2.3.3.4 氰化物的测定

氰化物包括简单氰化物、配位化合氰化物和有机氰化物。

简单氰化物易溶于水、毒性大；络合氰化物在水体中受 pH 值、水温和光照影响，离解为毒性强的简单氰化物。氰化物进入人体后，主要与高铁细胞色素氧化酶结合，生成氰化高铁细胞色素氧化酶而失去传递氧的作用，引起组织缺氧窒息。

氰化物的主要污染源是电镀、焦化、造气、选矿、洗印、石油化工、有机玻璃制造、农药等工业废水。

测定水体中氰化物的方法有容量滴定法、分光光度法和离子选择电极法。测定之前，通常先将水样在酸性介质中进行蒸馏，把能形成氰化氢的氰化物（全部简单氰化物和部分络合氰化物）蒸出，使之与干扰组分分离。常用的蒸馏方法有以下两种：

（1）酒石酸－硝酸锌预蒸馏法：pH＝4，蒸出的 HCN 用氢氧化钠溶液吸收。取此蒸馏液测得的氰化物为易释放的氰化物。

（2）磷酸－EDTA 预蒸馏法：pH＜2，可将全部简单氰化物和除钴氰配合物外的绝大部分配合氰化物以氰化氢的形式蒸馏出来，用氢氧化钠溶液吸收。取该蒸馏液测得的结果为总氰化物。

A   容量滴定法

取一定量预蒸馏溶液，pH 值调为 11 以上，以试银灵作指示剂，用硝酸银（$AgNO_3$）标准溶液滴定，则氰离子与银离子生产银氰络合物，稍过量的银离子与试银灵反应，使溶液由黄色变橙红色，即为终点。根据消耗硝酸银的量可计算出水中氰化物的浓度。

计算公式：$氰化物 = \dfrac{(V_a - V_b) \times C \times 52.04 \times V_2}{V_1 \times V_3} \times 1000$

B   分光光度法

a   异烟酸－吡唑啉酮分光光度法

取一定量预蒸馏溶液，调节 pH 值至中性，加入氯胺 T 溶液，则氰离子被氯胺 T 氧化生成氯化氰（CNCl）；再加入异烟酸－吡唑啉酮溶液，氯化氰与异烟酸作用，经水解生成戊烯二醛，与吡唑啉酮进行缩合反应，生成蓝色染料，在 638nm 波长下进行吸光度测定，用标准曲线法定量。

此法适用于饮用水、地面水、生活污水和工业废水，其最低检测浓度为 0.004mg/L，测定上限为 0.25mg/L。

b 吡啶－巴比妥酸分光光度法

取一定量预蒸馏溶液，调节 pH 值为中性，氰离子被氯胺 T 氧化生成氯化氰，氯化氰与吡反应生成戊烯二醛，戊烯二醛再与巴比妥酸发生缩合反应，生成红色染料，于 580nm 波长处比色定量。

本方法最低检测浓度为 0.002mg/L，检测上限为 0.45mg/L。

2.3.3.5 含氮化合物的测定

含氮化合物包括氨氮、亚硝酸盐氮、硝酸盐氮、有机氮和总氮。

A 氨氮

水中的氨氮是指以游离氨（也称非离子氨）和离子氨形式存在的氨。对地面水，常要求测定非离子氨。水中氨氮主要来源于生活污水中含氮有机物受微生物作用的分解产物，焦化、合成氨等工业废水，以及农田排水等。氨氮含量较高时，对鱼类呈现毒害作用，对人体也有不同程度的危害。

测定水中氨氮的方法有：纳氏试剂分光光度法、水杨酸－次氯酸盐分光光度法，电极法和滴定法。水样有色或浑浊及含其他干扰物质会影响测定，需进行预处理。对较清洁的水，可采用絮凝沉淀法消除干扰；对污染严重的水或废水，应采用蒸馏法。

a 纳氏试剂分光光度法

在水样中加入碘化汞和碘化钾的强碱溶液（纳氏试剂），则与氨反应生成黄棕色胶态化合物，此颜色在较宽的波长范围内具有强烈吸收，通常使用 410～425nm 范围波长光比色定量。

本法最低检出浓度为 0.025mg/L，测定上限为 2mg/L。

b 电极法

采用氨气敏复合电极用 pH 计测水的电动势，从而推出水样中氨氮的浓度。

B 亚硝酸盐氮

可采用 N－(1－萘基)－乙二胺分光光度法和离子色谱法测定。N－(1－萘基)－乙二胺分光光度法又叫重氮偶合比色法，其原理为：在 pH = 0.8 ± 0.3 的酸性介质中，亚硝酸盐与对氨基苯磺酰胺生成重氮盐，再与 N－(1－萘基)－乙二胺偶联生成红色染料，于 540nm 处进行比色测定。

方法最低检出浓度：0.003mg/L，测定上限：0.20mg/L。

C 硝酸盐氮

硝酸盐是有氧环境中最稳定的含氮化合物，也是含氮有机化合物经无机化作用最终阶段的分解产物。清洁的地面水中硝酸盐氮含量较低，受污染水体和一些深层地下水中硝酸盐氮含量较高。

水中硝酸盐的测定方法有：酚二磺酸分光光度法、镉柱还原法、戴氏合金还原法、离子色谱法、紫外分光光度法和离子选择电极法等。

a 酚二磺酸分光光度法

硝酸盐在无水存在情况下与酚二磺酸反应，生成硝基二磺酸酚，于碱性溶液中又生成黄色的化合物，在410nm处测其吸光度。此法测量范围广，显色稳定，适用于测定饮用水、地下水、清洁地面水中的硝酸盐氮。

本法最低检出浓度为0.02mg/L，测定上限为2.0mg/L。

b 镉柱还原法

在一定条件下，将水样通过镉还原柱，使硝酸盐还原为亚硝酸盐，然后用N-(1-萘基)-乙二胺分光光度法测定。由测得的总亚硝酸盐氮减去不经还原水样所含亚硝酸盐氮，即为硝酸盐氮含量。

此法适用于测定硝酸盐氮含量较低的饮用水、清洁地面水和地下水。测定范围为0.01~0.4mg/L。

c 戴氏合金法

水样在热碱性介质中，硝酸盐被戴氏合金还原为氨，经蒸馏，馏出液以硼酸溶液吸收后，用纳氏试剂分光光度法测定，含量较高时，用酸碱滴定法测定。

本法操作较繁琐，适用于测定硝酸盐氮含量高于2mg/L的水样。其最大优点是可以测定带深色的严重污染的水及含大量有机物或无机盐的废水中的硝酸盐氮。

d 紫外分光光度法

硝酸根离子对220nm波长光有特征吸收，可用与其标准溶液对该波长光的吸收程度比较定量。

本法适用于清洁地表水和未受明显污染的地下水中硝酸盐氮的测定，其最低检出浓度为 0.08mg/L，测定上限为 4mg/L。

方法简便快速，但对含有机物、表面活性剂、亚硝酸盐、六价铬、溴化物、碳酸氢盐和碳酸盐的水样，须进行预处理。

D 凯氏氮

凯氏氮是指以基耶达（Kjeldahl）法测得的含氮量。它包括氨氮和在此条件下能转化为铵盐而被测定的有机氮化合物，如蛋白质、氨基酸、肽、核酸、尿素等。

凯氏氮的测定要点是取适量水样于凯氏烧瓶中，加入浓硫酸和催化剂（硫酸钾）加热消解，将有机氮转变为氨氮，然后在碱性介质中蒸馏出氨，用硼酸溶液吸收，以分光光度法或滴定法测定氨氮含量。

E 总氮

总氮包括有机氮和无机氮化合物（氨氮、亚硝酸盐氮和硝酸盐氮）。水体总氮含量是衡量水质的重要指标。

测定方法有：

（1）加和法：分别测定有机氮、氨氮、亚硝酸盐氮和硝酸盐氮的量，然后加和之；

（2）过硫酸钾氧化 - 紫外分光光度法：在水样中加入碱性过硫酸钾溶液，于过热水蒸气中将大部分有机氮化合物及氨氮、亚硝酸盐氮氧化成硝酸盐，再用紫外分光光度法测定硝酸盐氮含量，即为总氮含量；

（3）仪器测定法（燃烧法）：在专门的总氮测定仪中进行，快速方便。

2.3.3.6 磷的测定

磷在自然界中以正磷酸盐、缩合磷酸盐和有机结合的磷酸盐等形式存在于天然水和废水中。化肥、冶炼、合成洗涤剂等行业的工业废水及生活污水中常含有较大量的磷。

A 水样的消解

水样的消解方法主要有过硫酸钾消解法、硝酸 - 硫酸消解法、硝酸-高氯酸消解法等。

B　钼锑抗分光光度法

原理：在酸性条件下，正磷酸盐与钼酸铵、酒石酸锑氧钾反应，生成磷钼杂多酸，被抗坏血酸还原，生成磷钼蓝，于700nm波长处进行比色分析。

适用于测定地表水、生活污水及某些工业废水的正磷酸盐分析。检出限为 $0.01 \sim 0.6$mg/L。

C　氯化亚锡分光光度法

原理：在酸性条件下，正磷酸盐与钼酸铵反应，生成磷钼杂多酸，加入还原剂氯化亚锡后，转变成磷钼蓝，于700nm波长处进行比色分析。

适用于测定地表水中正磷酸盐的测定。检出限为 $0.025 \sim 0.6$mg/L。

2.3.3.7　硫化物的测定

地下水及生活污水含有硫化物，一些工业废水中也含有硫化物。水中硫化物包括溶解性的硫化氢（H_2S）、硫氢根离子（HS^-）和硫离子（S^{2-}），酸溶性的金属硫化物以及不溶性的硫化物。通常所测定的硫化物是指溶解性的及酸溶性的硫化物。硫化氢毒性很大，可危害细胞色素、氧化酶，造成细胞组织缺氧甚至危及生命，还可腐蚀管道和设备，并可被微生物氧化成硫酸加剧腐蚀性，是水体污染的主要指标。

测定水中硫化物的方法有对氨基二甲基苯胺分光光度法、碘量法、电位滴定法、离子色谱法、极谱法、库仑滴定法、比浊法等。前三种方法应用较广泛。

2.3.4　有机化合物的测定

有机污染物种类繁多，结构复杂，化学稳定性差，易被水中生物分解。在环境监测中，对有机耗氧污染物，一般是从各个不同侧面反映有机物的总量，如 COD、OC、BOD、TOD、TOC 等。前四种参数称为氧参数，TOC 称为碳参数。对于单一化合物，可以通过化学反应方程进行计算，以求得其理论需氧量（ThOD）或理论有机碳量（ThOC）。各耗氧参数在数值上的关系为：$ThOD > TOD > COD_{Cr} > OC > BOD_5$。

2.3.4.1　化学需氧量（COD）的测定

化学需氧量是指水样在一定条件下，氧化 1L 水样中还原性物质所消耗的氧化剂的量，以氧的 mg/L 表示。

A　重铬酸钾法

在强酸性溶液中，用重铬酸钾将水中的还原性物质（主要是有机物）氧化，过量的重铬酸钾以试亚铁灵作指示剂，用硫酸亚铁铵溶液回滴，根据所消耗的重铬酸钾量算出水样中的化学需氧量，以氧的 mg/L 表示。

反应过程：

$$2Cr_2O_7^{2-} + 16H^+ + 3C（代表有机物）\longrightarrow 4Cr^{3+} + 8H_2O + 3CO_2$$
$$Cr_2O_7^{2-} + 14H^+ + 6Fe^{2+} \longrightarrow 6Fe^{3+} + 2Cr^{3+} + 7H_2O$$

测定结果按下式计算：

$$COD = \frac{(V_0 - V_1)c \times 8}{V} \times 1000 \quad (O_2, mg/L)$$

式中　V_0——滴定空白溶液消耗硫酸亚铁铵标准溶液体积，mL；

　　　V_1——滴定水样消耗硫酸亚铁铵标准溶液体积，mL；

　　　V——水样体积，mL；

　　　c——硫酸亚铁铵标准溶液浓度，mol/L；

　　　8——氧$\left(\frac{1}{4}O_2\right)$的摩尔质量，g/mol。

B　库仑滴定法

采用 $K_2Cr_2O_7$ 为氧化剂，在 10.2mol/L H_2SO_4 介质中回流 15min 消化水解。消化后，剩余的 $K_2Cr_2O_7$ 用电解产生的 Fe^{2+} 作为库仑滴定剂进行滴定。

测定结果按下式计算：

$$CDD = \frac{(Q_s - Q_m)}{96487} \times \frac{8}{V} \times 1000 \quad (O_2, mg/L)$$

该法应用范围比较广泛，可用于地表水和污水的测定。

2.3.4.2　高锰酸盐指数的滴定

我国新的环境水质标准中，已把以高锰酸钾溶液为氧化剂测得的化学耗氧量，改称高锰酸盐指数，而仅将酸性重铬酸钾法测得的值称为化学需氧量。国际标准化组织（ISO）建议高锰酸钾法仅限于地表水、饮用水和生活污水。

测定方法按测定溶液的介质不同，分为酸性高锰酸钾法和碱性高锰酸钾法。当 Cl^- 含量高于 300mg/L 时，应采用碱性高锰酸钾法；对于较清洁的地面水和被污染的水体中氯化物含量不高（ Cl^- <300mg/L）的水样，常用酸性高锰酸钾法。当 OC 含量超过 5mg/L 时，应少取水样并经稀释后再测定。

A　酸性高锰酸钾法

在酸性条件下的水样中加入过量高锰酸钾，在沸水浴上加热30分钟，利用高锰酸钾将水样中某些有机物及还原性物质氧化；反应后剩余的高锰酸钾用过量的草酸钠还原，再以高锰酸钾标准溶液回滴过量的草酸钠。通过计算求出水样中所含有机物及还原性物质所消耗的高锰酸钾的量。

B　碱性高锰酸钾法

在碱性溶液中加过量高锰酸钾加热30分钟，以氧化水样中的有机物和某些还原性无机物，然后用过量酸化的草酸钠溶液还原，再以高锰酸钾标准溶液氧化过量的草酸钠，滴定至微红色为终点。

2.3.4.3　生化需氧量（BOD）的测定

生化需氧量是指在有溶解氧的条件下，好氧微生物在分解水中有机物的生物化学氧化过程中所消耗的溶解氧量；同时亦包括如硫化物、亚铁等还原性无机物质氧化所消耗的氧量，但这部分通常占很小比例。

有机物在微生物作用下，耗氧分解大体上分为两个阶段。含碳物质氧化阶段，主要是含碳有机物氧化为二氧化碳和水；硝化阶段，主要是含氮有机化合物在硝化菌的作用下分解为亚硝酸盐和硝酸盐，在5~7日后才显著进行。故目前常用的20℃五天培养法（BOD_5 法）测定 BOD 值，一般不包括硝化阶段。

BOD 是反映水体被有机物污染程度的综合指标，也是研究废水的可生化降解性和生化处理效果，以及生化处理废水工艺设计和动力学研究中的重要参数。

A 五天培养法（20℃）

a 方法原理

水样经稀释后，在（20 ± 1）℃条件下培养 5 天，求出培养前后水样中溶解氧含量，两者的差值为 BOD_5。若水样五日生化需氧量未超过 7mg/L，则不必进行稀释，可直接测定。

b 稀释水

稀释水一般用蒸馏水配制，先通入经活性炭吸附及水洗处理的空气，曝气 2 ~ 8h，使水中 DO 接近饱和，然后 20℃下放置数小时。临用前，加入少量氯化钙、氯化铁、硫酸镁等营养溶液及磷酸盐缓冲溶液，混匀备用。稀释水的 pH 值应为 7.2，$BOD_5 < 0.2mg/L$。

c 水样的稀释倍数

（1）根据 OC（地面水）或 COD_{Cr}（工业废水）值估计，分别乘上相应系数；

（2）根据经验等估计。

d 测定结果计算

（1）对不经稀释直接培养的水样：$BOD_5 = D_1 - D_2$（mg/L）。

（2）对稀释后培养的水样：

$$BOD_5 = \frac{(D_1 - D_2) - (B_1 - B_2)f_1}{f_2}(\text{mg/L})$$

e 特殊水样的处理

若废水中含有毒物质浓度极高，而有机物含量不高时，可在污水中加入有机质（葡萄糖），人为提高稀释倍数，在计算时再减去葡萄糖的 BOD_5 值。

水样中如含少量氯，一般放置 1 ~ 2h 可自行消失。

B 其他方法

利用 BOD 测定仪测定。方法略。

2.3.4.4 总有机碳（TOC）的测定

总有机碳是以碳的含量表示水体中有机物质总量的综合指标。由于 TOC 的测定采用燃烧法，因此能将有机物全部氧化，它比 BOD_5、COD 更能反映有机物的总量。

目前广泛应用的测定方法是燃烧氧化－非色散红外吸收法。

（1）测定原理：将一定量水样注入高温炉内的石英管，在 900 ~ 950℃下，以铂和三氧化钴或三氧化二铬为催化剂，使有机物燃烧裂解转化为二氧化碳，然后用红外线气体分析仪测定 CO_2 含量，从而确定水样中碳的含量（此为总碳量，TC）。

（2）测定方法：要测 TOC 量，有两种方法：

方法一，先将水样酸化，通入氮气曝气，驱除各种碳酸盐生成的 CO_2，然后再注入仪器内测定。

方法二，把等量水样分别注入高温炉和低温炉，则水样中有机碳和无机碳均转化为 CO_2，依次导入非色散红外气体分析仪，分别测得总碳（TC）和无机碳（IC），两者之差即为 TOC。

总需氧量是指水中能被氧化的物质，主要是指有机物质在燃烧中变成稳定的氧化物时所需要的氧量，结果以氧的 mg/L 表示。

用 TOD 测定仪测定 TOD 的原理：将一定量水样注入装有铂催化剂的石英燃烧管，通入含已知氧浓度的载气（N_2）作为原料气，则水样中的还原性物质在 900℃下被瞬间燃烧氧化。测定燃烧前后原料气中氧浓度的减少量，便可求得水样的总需氧量值。

2.3.4.5　挥发酚的测定

酚类为原生质毒物，属高毒类物质，在人体富集时出现头痛、贫血。水中酚浓度达 5g/L 时，水生生物会中毒。酚类污染物主要来自炼油厂、洗煤厂和炼焦厂等。

酚类根据能否与水蒸气一起蒸出，分为挥发酚（沸点在 230℃以下）与不挥发酚（沸点在 230℃以上）。

挥发酚类的测定方法有滴定法、分光光度法、色谱法等，尤以 4－氨基安替比林分光光度法应用最广。对高浓度含酚废水可采用溴化滴定法。无论是哪种方法，当水样中存在氧化剂、还原剂、油类及某些金属离子时，均应设法消除并进行预蒸馏。预蒸馏作用有二：一是分离出挥发酚；二是消除颜色、浑浊和金属离子等的干扰。

溴化滴定法的测定原理：在含过量溴（由溴酸钾和 KBr 产生）

的溶液中，酚与溴反应生成三溴酚，进一步生成溴代三溴酚。剩余的溴与 KI 作用放出游离碘，与此同时，溴代三溴酚也与 KI 反应生成游离碘。用硫代硫酸钠标准溶液滴定释出的游离碘，并根据其耗量，计算出以苯酚计的挥发酚含量。

计算公式：

$$挥发酚(以苯酚计) = \frac{(V_1 - V_2) \times C}{V} \times 15.68 \times 1000 \quad (mg/L)$$

2.3.4.6 矿物油的测定

水中的矿物油来自工业废水和生活污水。矿物油漂浮于水体表面，影响空气与水面的氧交换；分散于水中的油被微生物氧化分解，消耗水中的溶解氧，使水质恶化。矿物油中还含有毒性大的芳烃类。

测定的方法有重量法、非色散红外法、紫外分光光度法、荧光法、比浊法等。

重量法是常用方法，不受油品种的限制，但操作繁琐，灵敏度低，只适用于测定 10mg/L 以上的含油水样。

测定原理：以硫酸酸化水样，用石油醚萃取矿物油，然后蒸发除去石油醚，称出残渣量，计算矿物油含量。

此法所测为水中可被石油醚萃取的物质总量，可能含有较重的石油成分不能被萃取。蒸发除去溶剂时，也会造成轻质油的损失。

A 非色散红外法

非色散红外法是利用石油类物质的甲基、亚甲基在近红外区（3.4μm）有特征吸收，作为测定水样中油含量的基础。测定时，先用硫酸酸化水样，加 NaCl 破乳化，再用三氯三氟乙烷萃取。萃取液经无水硫酸钠层过滤、定容，注入红外分析仪测其含量。标准油可采用受污染地点水中石油醚萃取物或混合石油烃。

B 紫外分光光度法

石油及其产品在紫外光区有特征吸收，如一般原油的两个吸收峰波长为 225nm 和 254nm，轻质油及炼油厂的油品吸收波长为 225nm，故可采用紫外分光光度法测定。水样先用硫酸酸化，加 NaCl 破乳化，然后用石油醚萃取、脱水，定容后测定。标准油可采用受污染地点水样的石油醚萃取物。

2.4 饮水安全保障实训

实训 1 地表水监测点位布设

以下列河流参数为例，说明如何布设监测断面（说明理由）和采样点，请在图 2-1 上画出并标明。（参数：流断面的宽度小于 50m，水深 7.8m）

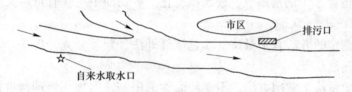

图 2-1 实训 1 图

实训 2 三角湖水中溶解氧的测定（碘量法）

A 实验意义和目的

溶解氧（Dissolved Oxygen，简称 DO）是指溶于水中的分子态氧。水中 DO 主要来源于水生植物的光合作用和水气交换过程。当藻类剧烈繁殖时，DO 可能出现过饱和。当水体受到有机物和还原性无机物污染时，可导致水体 DO 降低，若大气中的 O_2 来不及补充时，水中 DO 逐渐降低，使水中厌氧菌繁殖活跃，水质恶化。水中的溶解氧虽然不是污染物质，但是通过溶解氧的测定，可以大致估计水中以有机物为主的还原性物质的含量，是衡量水质优劣的重要指标。常温常压下，较清洁水中 DO 应为 8~10mg/L。当 DO < 4mg/L 时，许多水生生物可能因窒息而死亡。在废水生化处理过程中，往往要通过曝气提供重组的溶解氧给微生物降解污染物质

之需。

溶解氧是地表水环境监测的必测项目，测定的方法有碘量法、膜电极法（电化学探头法）和便携式溶解氧仪法。清洁水样可直接采用碘量法测定，对大部分受污染的地表水和工业废水，必须采用修正的碘量法或膜电极法测定。

通过进行本次实验，能够了解氧膜电极法测定溶解氧的方法原理，了解溶解氧测定的意义和方法，初步掌握溶解氧的采样技术，掌握碘量法测定溶解氧的操作技术。

B　实验原理

碘量法测定溶解氧原理：在水样中加入硫酸锰和碱性碘化钾溶液，水中溶解氧能迅速将二价锰氧化成四价锰的氢氧化物棕色沉淀。加浓硫酸溶解沉淀后，碘离子被氧化析出与溶解氧量相当的游离碘。以淀粉为指示剂，标准硫代硫酸钠溶液滴定，计算溶解氧的含量。反应如下：

$$2Mn^{2+} + 4OH^- + O_2 \longrightarrow 2MnO(OH)_2 \longrightarrow 2Mn(SO_4)_2 \longrightarrow$$

$$2I_2 \xrightarrow{+4Na_2S_2O_3} 4KI + 2Na_2S_4O_6$$

实验注意事项：

（1）水中溶解氧应在中性条件下测定。如果水样呈强酸性或强碱性，可用 NaOH 或 H_2SO_4 溶液调节至中性后再测。

（2）水样中含氧化性物质（游离氯）大于 0.1mg/L 时，应先加入一定量的硫代硫酸钠除去。

硫代硫酸钠应定量加入，确定方法如下：250mL 的碘量瓶装满水样，加入 3mol/L 硫酸 5mL 和 1g 碘化钾，摇匀，此时有碘析出。吸取 100.00mL 该溶液加于另一个 250mL 碘量瓶中，用硫代硫酸钠标准溶液滴定至浅黄色；加入 1% 淀粉溶液 1.0mL，再滴定至蓝色刚好消失，记录硫代硫酸钠溶液用量（相当于去除游离氯的用量）。于另一瓶待测水样中加入同样量的硫代硫酸钠溶液，以消除游离氯的影响，然后按照测定步骤测定溶解氧。

水样中如含有大量悬浮物，由于吸附作用要消耗较多的碘而干扰测定，可在采样瓶中用吸管插入液面下，加入 1mL 的 10% 明矾溶液，再加入 1~2mL 浓氨水,盖好瓶塞,颠倒混合。放置 10min 后,将上清液虹吸至溶解氧瓶中,进行固定和测定。

　　水样中如含有较多亚硝酸盐氮和亚铁离子,由于它们的还原作用会干扰测定,可采用叠氮化钠修正法或高锰酸钾修正法进行测定。

　　(3)水样采集后,应立即加入硫酸锰和碱性碘化钾溶液,固定溶解氧;若水样含有藻类、悬浮物、氧化还原性物质,必须进行预处理。

　　(4)加液时,移液管尖嘴应插入液面以下。

　　(5)平行做 2~3 份水样。

C　实验仪器

实验仪器包括:

(1)250~300mL 溶解氧瓶;

(2)250mL 碘量瓶或锥形瓶;

(3)25mL 酸式滴定管;

(4)1mL、2mL 定量吸管;

(5)100mL 移液管。

D　实验步骤

a　硫代硫酸钠溶液的标定

硫代硫酸钠溶液的标定方法如下:在 250mL 的碘量瓶中加入 100mL 水、1g KI、5mL 0.0250mol/L 重铬酸钾标准溶液和 5mL 3mol/L 硫酸,摇匀,加塞后置于暗处 5min;再用待标定的硫代硫酸钠溶液滴定至浅黄色,然后加入 1% 淀粉溶液 1.0mL,继续滴定至蓝色刚好消失,记录用量。平行做 3 份。

硫代硫酸钠的浓度计算:

$$c_1 = \frac{c_2 \times V_2}{V_1}$$

式中　c_2——重铬酸钾标准溶液的浓度,mol/L;

　　　　V_2——重铬酸钾标准溶液的体积,5.00mL;

　　　　V_1——消耗的硫代硫酸钠的体积,mL。

要求:每组平行测定三份,按表 2-1 记录实验数据。

表 2-1 硫代硫酸钠标准溶液的标定

平行测定次数			
0.0250mol/L 重铬酸钾标准溶液体积/mL			
消耗硫代硫酸钠标准溶液的体积/mL			
备 注			
硫代硫酸钠标准溶液的浓度/mol·L^{-1}			
平均值/mol·L^{-1}			
相对标准偏差/%			

b 溶解氧样品的采集与保存

用碘量法测水中溶解氧时,采集的水样应装到溶解氧瓶中。采集时注意不要使水样曝气或残留气泡,可沿瓶壁缓缓注入水样或用虹吸管插入溶解氧瓶底部,注入水样直至装满并溢出一部分水样。为防止溶解氧的变化,采样后应立即用固定剂固定溶解氧,盖塞、水封,于 4℃暗处保存。应尽量现场测定。平行做 2~3 份水样,同时记录水温和大气压力。

c 溶解氧的测定步骤

(1) 溶解氧的固定。

用硫酸锰和碱性碘化钾(或碱性碘化钾-叠氮化钠)固定溶解氧,一般在取样现场固定。固定方法如下:用移液管插入溶解氧瓶的液面下,加入 1mL 硫酸锰溶液、2mL 碱性碘化钾溶液,盖好瓶塞,颠倒混合数次,静置。待棕色沉淀物降至瓶内一半时,再颠倒混合一次,直至沉淀物下降到瓶底。

如果水样含 Fe^{2+} 达 100mg/L 以上会干扰测定,须在采集水样后,先用吸液管插入液面下加入 1mL 40% 氟化钾溶液。

(2) 析出碘。

轻轻打开瓶塞,立即用移液管插入液面下加入 2.5mL 硫酸,小心盖好瓶塞,颠倒混合摇匀。如果仍有沉淀物未溶解,可补加适量硫酸,至沉淀物全部溶解为止,放于暗处静置 5min。

(3) 滴定。

吸取 100.00mL 上述溶液于 250mL 锥形瓶中,用硫代硫酸钠标准溶液滴定至溶液呈淡黄色；加入 1mL 淀粉溶液，继续滴定至蓝色刚好褪去为止，记录消耗硫代硫酸钠的用量。

平行做 2～3 份水样，按表 2-1 记录实验数据。

E　数据处理和数据分析

根据下式计算水样中溶解氧浓度：

$$溶解氧(O_2) = \frac{MV}{100} \times \frac{32}{4} \times 1000 \quad (mg/L)$$

式中　M——硫代硫酸钠标准溶液的浓度，mol/L；

　　　V——滴定消耗硫代硫酸钠标准溶液的体积，mL；

　　　32——O_2 的摩尔质量，g/mol；

　　　4——O_2 与 $Na_2S_2O_3$ 的换算系数。

实训 3　三角湖水中氨氮的测定（纳氏试剂分光光度法）

A　实验意义和目的

氮是蛋白质、核酸、某些维生素等有机物中的重要组分。纯净天然水体中的含氮物质是很少的，水体中含氮物质的主要来源是生活污水和某些工业废水。当含氮有机物进入水体后，由于微生物和氧的作用，可以逐步分解或氧化为无机氨、铵、NO_2^- 和 NO_3^-。因此氮在水中以无机氮和有机氮两大形态存在，无机氮包括 NH_4^+（或 NH_3）、NO_2^-、NO_3^- 等，有机氮主要有蛋白质、氨基酸、胨、肽、核酸、尿素、硝基、亚硝基、肟、腈等含氮有机化合物。各种形式的氮在一定条件下可以互相转换：

图 2-2　实训 3 图

因此，NH_4^+（NH_3）、NO_2^-、NO_3^- 这三种形态氮的含量都可以作为水质指标，分别代表有机氮转化为无机氮的不同阶段。随着含氮物质的逐步氧化分解，水体中的微生物和其他有机污染物也被分解破坏，从而达到净化水体的作用。分别测定 NH_4^+（NH_3）、NO_2^-、NO_3^-，可在一定程度上反映水体受含氮污染的情况。

氨氮是指水中以游离 NH_3 和 NH_4^+ 形式存在的氮。NH_3 对水生生物及人体均有毒害作用，因此测定非常必要。NH_3 和 NH_4^+ 的存在比例与 pH 值有关，pH 值高时，NH_3 的比例较高；反之，则 NH_4^+ 的比例较高。

$$NH_3 \cdot H_2O \longrightarrow NH_4^+ + OH^-$$

测定氨氮的方法通常有纳氏试剂比色法、苯酚 – 次氯酸盐（或水杨酸 – 次氯酸盐）比色法的电极法等。纳氏试剂比色法是测氨氮的国家标准方法（GB 7479—87），具有操作简便、灵敏等特点，但钙、镁、铁等金属离子，硫化物、醛、酮类，以及水中色度和混浊等会干扰测定，需要相应的预处理。苯酚 – 次氯酸盐比色法具有灵敏、稳定等优点，干扰情况和消除方法同纳氏试剂比色法。电极法通常不需要对水样进行预处理，并有测量范围宽等优点。氨氮含量较高时，可采用蒸馏 – 酸滴定法。

本实训选用纳氏试剂分光光度法来测定三角湖水样的氨氮，不仅了解了氨氮测定的环境意义，也将掌握纳氏试剂分光光度法测定水中氨氮的原理及操作方法，更通过具体操作熟悉了 KDY – 9820 型凯氏定氮仪的工作原理及操作方法，并能够将其自动测氮蒸馏系统与传统蒸馏方法进行比较。

B 实验仪器

本实训采用的实验仪器为 KDY – 9820 型凯氏定氮仪、分光光度计。

C 氨氮的测定原理

碘化汞和碘化钾的碱性溶液与氨反应生成淡红棕色胶态化合物，其色度与氨氮含量成正比，通常可在波长 410 ~ 425nm 范围内测其吸光度，计算其含量。本法最低检出浓度为 0.025mg/L（光度法），测定上限为 2mg/L。采用目视比色法，最低检出浓度为 0.02mg/L。

实验注意事项为：

（1）所用试剂均应为无氨水；

（2）应做全程序空白实验；

（3）收集时应将冷凝管的导管浸入吸收液；

（4）蒸馏结束 2~3min，应把锥形瓶放低，使吸收液面脱离冷凝管，并再蒸馏片刻以洗净冷凝管和导管，用无氨水稀释至 250mL 备用；

（5）蒸馏时应避免暴沸，否则可造成馏出液温度升高，氨吸收不完全；

（6）加入少量石蜡，可防止蒸馏时产生泡沫；

（7）纳氏试剂中 HgI_2 和 KI 的比例，对显色反应的灵敏度有很大的影响，理论上 HgI_2 和 KI 的质量比为 1.37:1.00。静置后生成的沉淀应除去，取上清液备用。

D　实验步骤

a　水样预处理——蒸馏

消解液在碱性条件下，加热蒸馏，用硼酸溶液吸收馏出液。

$$(NH_4)_2SO_4 + 2OH^- \xrightarrow{\text{高温蒸汽}} 2NH_3 \uparrow$$

本实验采用 KDY-9820 型凯氏定氮仪的自动测氮蒸馏系统进行蒸馏。方法如下：

（1）取 100mL 待测定水样，置于样品消煮管中，加一定量碱液后进行蒸馏，用硼酸溶液吸收氨蒸蒸气；

（2）将馏出液用无氨水稀释至 100mL 备用；

（3）用无氨水代替水样做空白试验。

b　标准曲线的绘制

移取 5.00mL 铵标准贮备溶液（每 1mL 含 1.00mg 氨氮）于 500mL 容量瓶中，用水稀释至标线。此溶液每毫升含 0.010mg 氨氮。分别取 0、0.5mL、1.00mL、3.00mL、5.00mL、7.00mL、10.00mL 铵标准使用液于 50mL 比色管内，稀释至标线；加入 0.1mL 酒石酸钾钠溶液，混匀。加 1.5mL 纳氏试剂，混匀。放置 10min，在 420nm 处，用 20mm 比色皿，测定吸光度。以测定的吸光度 A_0 减去零浓度空白管的吸光度，得到校正吸光度 A，绘制氨氮含量（mg）对校正

吸光度 A 的标准曲线。

以氨浓度对校正吸光度绘制标准曲线，求出线性回归曲线和相关系数（excel 软件）。

c 水样的测定

取适量馏出液（清洁水样取 50mL，含氨较高的污染水样取 5 ~ 30mL），加入 50mL 比色管内，稀释至标线；加入 0.1mL 酒石酸钾钠溶液，混匀；加 1.5mL 纳氏试剂，混匀；放置 10min，在 420nm 处，用 20mm 比色皿，以蒸馏水为参比，测定吸光度。

d 空白试验

用无氨水代替水样，做全程序空白测定。

E 数据处理和数据分析

水样测得的吸光度减去空白试验的吸光度后，从标准曲线上查找氨氮量（mg）后，按下式计算：

$$c(氨氮) = \frac{m}{V} \times 1000 \ (N, \ mg/L)$$

式中 m——由校准曲线查得的氨氮量，mg；

V——水样体积，mL。

样品的吸光度为：0.403，全程空白的吸光度为：0.085。代入线性回归方程，得 $m = 0.0386$。

$$c(氨氮) = \frac{0.0386}{50} \times 1000 = 0.772 \ (mg/L)$$

实训 4　化学需氧量的测定（重锰酸钾法）

A 实验目的和要求

本实验目的和要求是熟练掌握化学需氧量（COD）测定方法及原理。

B 原理

重铬酸钾法测定 COD 的原理是：在强酸性溶液中，用一定量的重铬酸钾氧化水样中的还原性物质，过量的重铬酸钾以试亚铁灵作指示剂用硫酸亚铁铵溶液回滴。根据硫酸亚铁铵的用量，算出水样中还原性物质消耗氧的量。

测定结果因加入氧化剂的种类及浓度、反应溶液的酸度、反应温度和时间。以及催化剂的有无而不同。因此，化学需氧量亦是一个条件性指标，其测定必须严格按步骤进行。

酸性重铬酸钾氧化剂氧化性很强，可氧化大部分有机物，加入硫酸银作催化剂时，直链脂肪族化合物可完全被氧化，而芳香族有机物却不易被氧化，吡啶不被氧化。挥发性直链脂肪族化合物、苯等有机物存在于蒸气相，不能与氧化剂液体接触，氧化不明显。氯离子能被重铬酸钾氧化，并且能与硫酸银作用产生沉淀，影响测定结果。故须在回流前向水样中加入硫酸汞，使之成为配合物以消除干扰。氯离子含量高于 2000mg/L 的样品应做定量稀释，使含量降低至 2000mg/L 以下后，再行测定。

用 0.25mol/L 的重铬酸钾溶液可测定大于 50mg/L 的 COD；用 0.025mol/L 的重铬酸钾溶液可测定 5～50mg/L 的 COD，但准确度较差。

C　仪器与试剂

a　仪器

本实验所用仪器为：

（1）回流装置：带 250mL 磨口锥形瓶的回流装置（如取样量在 30mL 以上，采用 500mL 的全玻璃网流装置）。

（2）加热装置：电热板或变阻电炉。

（3）酸式滴定管：50mL。

b　试剂

除另有说明外，本实验所用试剂均为分析纯试剂。

（1）重铬酸钾标准溶液（$c_{\frac{1}{6}(K_2Cr_2O_7)} = 0.2500mol/L$）：称取预先在 120℃烘干 2h 的基准或优级纯重铬酸钾 12.258g 溶于水中，移入 1000mL 容量瓶，稀释至标线，摇匀。

（2）试亚铁灵指示剂：称取 1.485g 一水合邻菲咯啉（$Cl_2H_8N_2 \cdot H_2O$，1,10 - phenanthroline）、0.695g 七水合硫酸亚铁（$FeSO_4 \cdot 7H_2O$）溶于水中，稀释至 100mL，贮于棕色瓶内。

(3) 硫酸亚铁铵标准溶液（$c_{(NH_4)_2Fe(SO_4)_2} = 0.1mol/L$）称取39.5g 六水合硫酸亚铁铵溶于水中，边搅拌边缓慢加入 20mL 浓硫酸，冷却后移入 1000mL 容量瓶中，加水稀释至标线，摇匀。临用前，用重铬酸钾标准溶液标定。

标定方法：准确吸取 10.00mL 重铬酸钾标准溶液于 500mL 锥形瓶中，加水稀释至 110mL 左右，缓慢加入 30mL 浓硫酸，混匀。冷却后，加入 3 滴试亚铁灵指示剂（约 0.15mL），用硫酸亚铁铵标准溶液滴定，溶液的颜色由黄色经蓝绿色至红褐色即为终点。

$$c_{(NH_4)_2Fe(SO_4)_2} = \frac{0.2500}{V} \times 10.00$$

式中　c——硫酸亚铁铵标准溶液的浓度，mol/L；

　　　V——硫酸亚铁铵标准溶液的用量，mL；

　0.2500——重铬酸钾标准溶液浓度，mol/L；

　10.00——重铬酸钾标准溶液体积，mL。

(4) 硫酸二硫酸银溶液：于 2500mL 浓硫酸中加入 25g 硫酸银，放置 1~2d，不时摇动使其溶解（如无 2500mL 容器，可在 500mL 浓硫酸中加入 5g 硫酸银）。

(5) 硫酸汞：结晶或粉末。

D　实验步骤

(1) 取 20.00mL 混合均匀的水样（或适量水样稀释至 20.00mL）于 250mL 磨口锥形瓶中，准确加入 10.00mL 重铬酸钾标准溶液及数粒小玻璃珠或沸石，连接磨口回流冷凝管，从冷凝管上口慢慢加入 30mL 硫酸–硫酸银溶液，轻轻摇动磨口锥形瓶使溶液混匀，加热回流 2h（自开始沸腾时计时）。

(2) 冷却后，用 90mL 水冲洗冷凝管壁，取下磨口锥形瓶。溶液总体积不得少于 140mL。否则因酸度太大，滴定终点不明显。

(3) 溶液再度冷却后，加 3 滴试亚铁灵指示剂，加硫酸亚铁铵标准溶液滴定，溶液的颜色由黄色经蓝绿色至红褐色即为终点，记录硫酸亚铁铵标准溶液的用量。

(4) 测定水样的同时，以 20.00mL 重蒸馏水，按同样操作步骤做空白试验。记录滴定空白溶液时硫酸亚铁铵标准溶液的用量。

E　实验结果与数据处理

根据测定空白溶液和样品溶液消耗的硫酸亚铁铵标准溶液体积和水样体积，按下式计算水样 COD：

$$COD = \frac{V_0 - V_1}{V} \times c \times 8 \times 1000 \quad (O_2, mg/L)$$

式中　c——硫酸亚铁铵标准溶液的浓度，mol/L；

　　　V_0——滴定空白时硫酸亚铁铵标准溶液的体积，mL；

　　　V_1——滴定水样时硫酸亚铁铵标准溶液的体积，mL；

　　　V——水样的体积，mL；

　　　8——氧（$1/4O_2$）的摩尔质量，g/mol。

F　注意事项

（1）使用 0.4g 硫酸汞配位化合氯离子的最高量可达 40mg。如取用 20.00mL 水样，即最高可配位化合 2000mg/L 氯离子的水样。若氯离子浓度较低，亦可少加硫酸汞，使保持 m(硫酸汞)∶m(氯离子)=10∶1。若出现少量氯化汞沉淀，并不影响测定。

（2）取水样体积可为 10~50mL，但试剂用量及浓度需按表 2-2 进行相应调整，也可得到满意的结果。

表 2-2　取水样体积和试剂用量

取水样体积 /mL	0.2500mol/L 1/6($K_2Cr_2O_7$) 标准溶液体积 /mL	H_2SO_4-Ag_2SO_4 溶液体积/mL	$HgSO_4$ 质量 /g	(NH_4)$_2$Fe(SO_4)$_2$ 标准溶液浓度 /mol·L^{-1}	滴定前总体积 /mL
10.00	5.00	15	0.2	0.0500	70
20.00	10.00	30	0.4	0.1000	140
30.00	15.00	45	0.6	0.1500	210
40.00	20.00	60	0.8	0.2000	280
50.00	25.00	75	1.0	0.2500	350

（3）对于化学需氧量小于 50mg/L 的水样，应改用 0.0250mol/L 重铬酸钾标准溶液，回滴时用 0.01mol/L 硫酸亚铁铵标准溶液。

（4）水样加热回流后，溶液中重铬酸钾剩余量应为加入量的

1/5～4/5为宜。

（5）用邻苯二甲酸氢钾标准溶液检查试剂的质量和操作技术时，由于每克邻苯二甲酸氢钾的理论COD为1.176g，所以溶解0.425g邻苯二甲酸氢钾（$HOOCC_6H_4COOK$）于重蒸馏水中，转入1000mL容量瓶，用重蒸馏水稀释至标线，使之成为500mg/L的COD标准溶液。用时新配。

（6）COD的测定结果应保留三位有效数字。

（7）每次实验时，应对硫酸亚铁铵标准溶液进行标定。室温较高时，尤其应注意其浓度的变化。

G 思考与讨论

（1）测定水样时，为什么需做空白校正？

（2）化学需氧量与高锰酸盐指数有什么区别？

实训5 工业废水色度的测定（稀释倍数法）

A 实验意义和目的

色度是反映水体外观的指标之一。有色的水可减弱水体的透光性，降低光合作用、影响水生生物的生长；当水体有色时，往往表明有污染物质存在；另外有颜色的水体会给人不愉快的感觉。

水的颜色分真色和表色两类。真色是由水中溶解性物质引起的颜色，即完全去除水中悬浮物质后水体呈现的颜色。表色是没有去除悬浮物的水体所呈现的颜色，即原始水样的颜色。较清洁的水样，其真色和表色接近。人们常说的水的颜色是指真色而言。通过进行本次实验，可以了解色度的来源与危害，掌握逐级稀释操作，学会用稀释倍数法测定色度的操作。

B 基本原理

取一定体积水样，装在50mL比色管中，用蒸馏水按一定的倍数稀释后，与同样体积的蒸馏水相比较。稀释到刚好看不到颜色为止时的稀释倍数，即为水样的色度，并辅以文字描述水体颜色的种类和深浅程度，如深蓝色、棕黄色、暗黑色等。

该法适用于受污染严重的地面水和工业废水的颜色测定。

稀释倍数 = 50(mL) ÷ 所取水样体积(mL)

实验注意事项：

（1）水的颜色是指真色而言。应放置澄清后，取上清液进行测定；或用离心法去除悬浮物后测定。

（2）所取水样应无树叶、枯枝等杂物。

（3）应尽快测，否则于4℃保存并在48h内测定。

C　实验仪器

本实验所用实验仪器为：

（1）50mL 具塞试管；

（2）白瓷板。

D　测定步骤

（1）颜色种类的描述。取 100～150mL 澄清水样置于烧杯中，以白色瓷板为背景，观察并描述其颜色种类。

（2）分取澄清水样，用水稀释不同倍数（稀释倍数大于 100 倍时，采取逐级稀释），分取 50mL 分别置于 50mL 比色管中，底部衬一白瓷板。由上向下观察稀释后水样的颜色，并与蒸馏水相比较，直至刚好看不出颜色，记录此时的稀释倍数（表 2-3）。

表 2-3　数据记录

稀释倍数	2	4	10	12	15	20
颜色观察	土黄色	淡土黄色	淡褐黄色	淡灰黄色	淡灰色	无色

实训6　河流环境质量基础调查

A　问题的提出

某地需要开发。附近有一河流，由于该河流缺乏水质基础数据，作为评价需要，对河流进行环境质量基础调查，作为今后开发的本底资料。

B　组织和分工

基础调查是一项工作量大、涉及面广的工作，需要组织 10 人左右，成立一个小组，讨论分工，形成一个完整的团队。

C　调查方案的制订

（1）现场初步调查：确定调查范围，河流长度，河流的对照断面、控制断面及削减断面点位，并作标记。确定河流两岸控制区域范围，说明理由。

（2）制订监测方案：除常规监测指标（pH、氨氮、硝酸盐、亚硝酸盐、挥发酚、氰化物、砷、汞、六价铬、总硬度、铅、氟、镉、铁、锰、溶解固体物、高锰酸盐指数、硫酸盐、氯化物、大肠菌群，以及反映本地区主要水质问题的其他指标）以外，考虑是否需要增加控制指标（与开发地区功能有关）。

（3）河流断面测定：采用低速流速仪，在断面处测定河流的宽度和深度，画出河流断面图。

（4）列出测定深度及点位（事先画好图），以及测定流量的方法。测定位置可以在固定的桥上，也可以在船上。如在船上，必须确定固定船位置的方法。

（5）采样仪器、设备的清单及准备。

D　实施

按计划和分工实施监测，如现场发现问题，按预案或实际情况进行调整。采样在现场固定，带回实验室及时分析，进行实验室质量控制，整理数据，分析及讨论。

E　报告的编写

按照相关部门的要求，编写完整的河流环境质量报告书。

实训7　河流污染事件原因分析

A　污染事件发生经过

某条河流不定期会发现漂浮一些死鱼，附近居民怀疑是由于有毒废水排入所致，打捞上来死鱼交给环境保护局，要求查处。环境保护局交给环境监测站负责查处，从发现死鱼到环境监测站接案共两天。环境监测站在附近水域采样，按常规分析，发现水质并无异常。

B 问题提出

提供死鱼样本（由老师予以预处理），要求学生讨论可能的死亡原因，并制订调查方案、监测方法和认定步骤。

C 提示

（1）"不定期会发现漂浮一些死鱼"，而事后水质又正常，可能是由于常规监测指标不够，或是由于间歇排放污染物所致。死鱼从交环境保护局到实施监测共历时两天，这段时间间隔也可能导致问题的发生。

（2）如何对河流上游及其周围进行调查？提出调查方案。

（3）如果怀疑某工厂间歇排放某种污染物，如何证实？

（4）假设某工厂可能间歇排放某种污染物，该污染物又不是常规污染物，在环境监测分析标准方法中没有相关分析方法，请提出监测方案，并详细讲述分析方法来源、评价标准（如我国没有该污染物环境标准，可以查阅国外相关标准）、选择实验仪器设备、试剂配制等。

（5）样本是选取鱼的整体，还是只取头部、内脏，为什么？试分析原因。

（6）拟定该污染事件的监测方案。例如由老师提供死鱼样本，经分析后，撰写分析报告。

空气和废气监测及实训

3.1 气体监测布点

3.1.1 调研及资料收集

调研及资料收集工作包括：
（1）污染源分布及排放情况；
（2）气象资料；
（3）地形资料；
（4）土地利用和功能分区情况；
（5）人口分布及人群健康情况；
（6）以往的空气监测资料。

3.1.2 监测站（点）的布设

3.1.2.1 布设采样点的原则和要求
（1）覆盖全部监测区：采样点应设在整个监测区域的高中低三种不同污染物浓度的地方。
（2）在污染源比较集中，主导风向比较明显的情况下，应将污染源的下风向作为主要监测范围，布设较多的采样点；上风向布设少量点作为对照。
（3）工业集中地区多取点，农村可少；人口密度大的地区多取点，少的地区可少些。
（4）采样点的周围应开阔，无局地污染源。
（5）超标地区多取点，未超标地区少些。
（6）采样高度根据监测目的而定。

3.1.2.2 采样点数目
确定采样点数目的总体原则是：根据监测范围大小、污染物的空间分布特征和地形地貌特征 、人口分布情况及密度、经济条件等因素综合考虑，参见表3-1。

表 3-1　我国大气环境污染例行监测采样点设置数目

市区人口/万人	采样点数(SO₂,NO_x,TSP)/个	灰尘自然降尘量/%	硫酸化速率/%
<50	3	≥3	≥6
50~100	4	4~8	6~12
100~200	5	8~11	12~18
200~400	6	12~20	18~30
>400	7	20~30	30~40

3.1.2.3　采样站（点）布设方法

（1）功能区布点法。多用于区域性的常规监测：

1）先将监测区域划分成工业区、商业区、居住区、工业和居住混合区、交通等不同功能区；

2）再按功能区的地形、气象、人口密度、建筑密度等，在每个功能区设若干采样点。

（2）网格布点法。适用于有多个污染源且污染源分布比较均匀的情况。它能较好地反映污染物的空间分布。如将网格划分得足够小，则将监测结果绘制成污染物浓度空间分布图，对指导城市环境规划和管理具有重要意义。

（3）同心圆布点法。这种方法主要用于多个污染源构成污染群，且大污染源较集中的地区。

（4）扇形布点法。这种方法适用于孤立的高架点源且主导风向明显的地区。

在实际工作中，常采用以一种布点法为主，兼用其他方法的综合布点法。

3.1.3　采样时间和频率

3.1.3.1　采样时间

依每次采样从开始到结束所经历的时间，采样时间可分为短期采样、长期采样和间歇性采样。

3.1.3.2 采样频率

采样频率指一定时间范围内的采样次数。可依浓度分布的时间特性和对监测数据要求的精确程度进行采样。

表 3-2 为采样时间和采样频率表。

表 3-2　采样时间和采样频率表

监测项目	采样时间和频率
二氧化硫	隔日采样，每天 24±0.5 小时，每年 12 个月
氮氧化物	同二氧化硫
总悬浮颗粒物	隔双日采样，每天连续 24±0.5 小时，每月 5~6 天，每年 12 个月
灰尘自然降尘量	每月采样 30±2 天，每年 12 个月
硫酸盐化速率	每月采样 30±2 天，每年 12 个月

3.2　气体样品采集

3.2.1　采样方法

3.2.1.1　直接采样法

直接采样法适用于：大气中的被测组分浓度较高，要求监测方法灵敏度高的场所。

（1）注射器采样：常用 100mL 注射器采集有机蒸气样品。采样时，先用现场气体抽洗 2~3 次，然后抽取 100mL，密封进气口，带回实验室分析。样品存放时间不宜长，一般应当天分析完。将注射器进气口朝下，垂直放置，使注射器内压力略大于大气压。

（2）塑料袋采样：先用双连球打进现场气体冲洗 2 到 3 次，再充满气样，夹封进气口，带回实验室尽快分析。

（3）采气管采样：采气管是两端具有旋塞的管式玻璃容器。采样时，打开两端旋塞，将二联球或抽气泵接在管的一端，迅速抽进比采样管容积大 6~10 倍的欲采气体，使采样管中原有气体被完全置换出，然后关上两端旋塞。采气体积即为采样管的体积。

（4）真空瓶（管）采样：采样前，先用抽真空装置将采气瓶内抽至剩余压力达 1.33kPa 左右。采样时，打开旋塞，被采空气即充入瓶内，关闭旋塞，则采样体积为真空采气瓶的容积。

3.2.1.2　富集（浓缩）采样法

富集（浓缩）采样法适用于大气中的被测组分浓度较低，监测方法检测限低的场所。

A　溶液吸收法

采样时，用抽气装置将欲测空气以一定流量抽入装有吸收液的吸收瓶采集一段时间。采样结束后，倒出吸收液进行测定。

a　吸收液的选择

吸收液的选择原则为：

（1）对被采集物质溶解度要大或与被采集物质的化学反应速度快；

（2）稳定时间长；

（3）有利于下一步分析；

（4）毒性小，价格低，易购买，可回收。

b　多孔筛板吸收管

多孔筛板吸收管（瓶）除适合采集气态和蒸气态物质外，也能采集气溶胶态物质。图 3-1 所示为吸收管的类型。

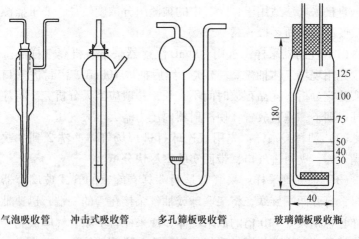

气泡吸收管　　冲击式吸收管　　多孔筛板吸收管　　玻璃筛板吸收瓶

图 3-1　吸收管类型

B 填充柱阻留法

填充柱是用一根长 6～10cm、内径 3～5mm 的玻璃管或塑料管，内装颗粒状填充剂制成。

采样时，让气样以一定流速通过填充柱，则欲测组分因吸附、溶解或化学反应等作用被阻留在填充剂上，达到浓缩采样的目的。

采样后，通过解吸或溶剂洗脱，使被测组分从填充剂上释放出来进行测定。

C 滤料阻留法

该方法是将过滤材料（滤纸、滤膜等）放在采样夹上，用抽气装置抽气，则空气中的颗粒物被阻留在过滤材料上。称量过滤材料上富集的颗粒物质量，根据采样体积，即可计算出空气中颗粒物的浓度。

常用的滤料有纤维状滤料，如滤纸、玻璃纤维滤膜、微孔滤膜等。

D 低温冷凝法

空气中某些沸点比较低的气态污染物质，在常温下用固体填充剂等方法富集效果不好，而低温冷凝法可提高采集效率。

低温冷凝采样法是将 U 形或蛇形采样管插入冷阱中，当大气流经采样管时，被测组分因冷凝而凝结在采样管底部。

E 静电沉降法

空气样品通过电场，由电晕放电产生的离子附着在气溶胶颗粒上。颗粒带电，迁移沉降到收集极上。本方法不能用于易燃易爆的场合，适合于气溶胶采样。

F 无动力采样法

无动力采样法是利用物质的自然重力、空气动力和浓差扩散作用采集大气中的被测物质，如自然降尘量、硫酸盐化速率、氟化物等大气样品的采集，分为湿法和干法两种。

3.2.2 采样仪器

采样所需器具如下：

（1）组成部分：收集器，流量计，抽气泵（图 3-2）。

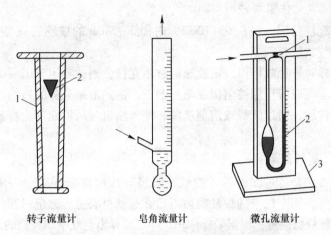

转子流量计　　　　　　皂角流量计　　　　　微孔流量计

电动抽气泵

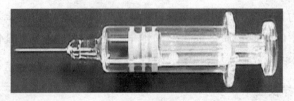

手动抽气管

图 3-2　采样仪器

（2）专用采样器：空气采样器（图3-3）。

图3-3 空气采样器

3.3 气体样品指标测定

3.3.1 二氧化硫的测定

SO$_2$气体无色，有刺激性，能通过呼吸进入气管，对局部组织产生刺激和腐蚀作用，是诱发支气管炎等疾病的原因之一。特别是当它与烟尘等气溶胶共存时，可加重对呼吸道黏膜的损害，能引起呼吸道和心血管疾病。大气中的SO$_2$可以生成硫酸，形成酸雨，会引起呼吸系统疾病；附着于颗粒物上，危害更大。

3.3.1.1 四氯汞钾镕液吸收－盐酸副玫瑰苯胺分光光度法

国内外广泛用的测定方法，灵敏度高、选择性好，但吸收液毒性较大。

原理：用氯化钾和氯化汞配制成四氯汞钾吸收液，气样中的二氧化硫用该溶液吸收，生成稳定的氯亚硫酸盐配合物，该配合物再与甲醛和盐酸副玫瑰苯胺作用，生成紫色配合物，其颜色深浅与SO$_2$含量成正比，最大吸收波长548nm，用分光光度法测定。

甲醛缓冲溶液吸收－盐酸副玫瑰苯胺分光光度法测定：SO$_2$被甲

醛缓冲溶液吸收后，生成稳定的羟基甲磺酸加成化合物，加入氢氧化钠溶液使加成化合物分解，释放出 SO_2 与盐酸副玫瑰苯胺反应，生成紫红色配合物，其最大吸收波长为 577nm。

3.3.1.2　注意事项

（1）温度、酸度、显色时间等因素会影响显色反应；

（2）氮氧化物、臭氧及锰、铁、铬等离子对测定有干扰，加入磷酸和乙二胺四乙酸二钠盐可消除或减小某些金属离子的干扰。

3.3.2　氮氧化物的测定

氮的氧化物（NO_x）有 NO、NO_2、N_2O、N_2O_3、N_2O_4 和 N_2O_5 等，主要以 NO 和 NO_2 形式存在。自然界排入大气的氮氧化物，每年约 5 亿吨，而人类生活活动排放的约为 5 千万吨。人类活动产生的氮氧化物主要来源于化石燃料的燃烧、机动车排气，以及某些化工生产过程（如硝酸和硫酸、氮肥、石油化工、金属冶炼和半导体生产等工艺过程）。

3.3.2.1　盐酸萘乙二胺分光光度法

本方法采样和显色同时进行，操作简便，灵敏度高。

原理：用冰乙酸、对氨基苯磺酸和盐酸萘乙二胺配成吸收液采样，大气中的 NO_2 被吸收转变成亚硝酸和硝酸。在冰乙酸存在条件下，亚硝酸与对氨基苯磺酸发生重氮化反应，然后再与盐酸萘乙二胺偶合，生成玫瑰红色偶氮染料，在 540nm 用分光光度法测定。

NO 不与吸收液发生反应，测定 NO_x 总量时，必须先使气样通过三氧化二铬－砂子氧化管，将 NO 氧化成 NO_2 后，再通入吸收液进行吸收和显色。NO 含量是 NO_x 含量与 NO_2 含量之差。

3.3.2.2　注意事项

（1）吸收液应为无色，如显微红色，说明已被亚硝酸根污染，应检查试剂和蒸馏水的质量。

（2）吸收液长时间暴露在空气中或受日光照射，也会显色，使空白值增高，应密闭避光保存。

（3）氧化管适于在相对湿度 30%～70% 条件下使用，应经常注意是否吸湿引起板结或变成绿色而失效。

3.3.3 一氧化碳的测定

一氧化碳的测定主要采用汞置换法。

汞置换法也称间接冷原子吸收法。该方法基于气样中的 CO 与活性氧化汞在 180～200℃ 发生反应，置换出汞蒸气，带入冷原子吸收测汞仪测定汞的含量，再换算成 CO 浓度。

3.3.4 总悬浮颗粒物（TSP）的测定

总悬浮颗粒物（TSP）的测定原理：用抽气动力抽取一定体积的空气通过已恒重的滤膜，则空气中的悬浮颗粒物被阻留在滤膜上。根据采样前后滤膜重量之差及采样体积，即可计算 TSP 的质量浓度。本方法分为大流量采样法和中流量采样法。

3.4 雾霾天气 PM2.5 监测实训

实训1 空气中氮氧化物的测定
（盐酸萘乙二胺分光光度法）

A 实验意义和目的

氮的氧化物主要有：NO、NO_2、N_2O_3、N_2O_4、N_2O_5、N_2O 等，大气中的氮氧化物主要以 NO、NO_2 形式存在，简写为 NO_x。NO 是无色、无臭气体，微溶于水，在大气中易被氧化成 NO_2。NO_2 是红棕色有特殊刺激性臭味的气体，易溶于水。

NO_x 主要来源于硝酸、化肥、燃料、炸药等工厂生产中产生的废气，燃料的高温燃烧、内燃机尾气等。NO_x 不仅对人体健康产生危害（呼吸道疾病），还是形成酸雨的主要物质之一。

主要测定方法有盐酸萘乙二胺分光光度法（GB 8968—88）、中和滴定法或二磺酸酚分光光度法（GB/T 13906—92）、Saltzman 法（GB/T 15436—1995）、化学发光法等。

通过本次实验，可了解空气中二氧化氮的来源与危害，也能够掌握空气采样器的使用方法及用溶液吸收法采集空气样品，掌握用分光光度法测定二氧化氮的原理与操作，学会分光光度分析的数据处理方法，还能够初步了解化学发光法测定二氧化氮的原理。

B　实验原理

空气中的 NO_2 被吸收液吸收后，生成 HNO_3 和 HNO_2，在冰乙酸存在的条件下，HNO_2 与对氨基苯磺酸发生重氮化反应，然后再与盐酸萘乙二胺偶合，生成玫瑰红色偶氮染料。其颜色深浅与气样中 NO_2 的浓度成正比，因此可进行分光光度测定，在540nm测定吸光度。

该法适于测定空气中的氮氧化物，测定范围为 $0.01 \sim 20mg/m^3$。

方法特点：采样和显色同时进行，操作简便、灵敏度高。NO、NO_2 可分别测定，也可以测 NO_x 总量。测 NO_2 时，直接用吸收液吸收和显色；测 NO_x 时，则应将气体先通过 CrO_3^- 砂子氧化管，将大气样中的 NO 氧化为 NO_2，然后再通入吸收液吸收和显色。

C　实验注意事项

（1）吸收液应避光，防止光照使吸收液显色而使空白值增高。

（2）如果测定总氮氧化物，则在测定过程中，应注意观察氧化管是否板结，或者变成绿色。若发生板结，会使采样系统阻力增大，影响流量；若变绿，则表明氧化管已经失效。

（3）吸收后的溶液若显黄棕色，表明吸收液已受到铬酸的污染，该样品应报废，须重新配制吸收液。

（4）采样过程中，须防止太阳光照射。在阳光照射下采集的样品颜色偏黄，非玫瑰红色列。

D　实验仪器

本实验采用的实验仪器有：

（1）空气采样器，流量范围 $0 \sim 1L/min$；

（2）多孔玻板吸收管10mL；

（3）分光光度计；

（4）比色管；

（5）氧化管。

E 测定步骤

a 标准曲线的绘制

取 6 支 10mL 具塞比色管，按照表 3-3 中配制 NO_2^- 标准溶液系列（亚硝酸钠标准使用液浓度为 2.5μg/mL）。各管摇匀后，避开直射阳光，放置 20min，在波长 540nm 处，用 1cm 比色皿，以蒸馏水为参比，测定吸光度 A。

表 3-3 二氧化氮标准系列的配制

比色管编号	1	2	3	4	5	6
亚硝酸钠标准使用液/mL						
蒸馏水/mL						
显色液/mL						
NO_2^- 含量/μg·mL^{-1}						
吸光度 A_0						
校正吸光度 A						
线性回归方程						
线性相关系数 r						

绘制标准曲线，求出一元线性回归方程：

$$Y(吸光度) = a \cdot x + b = a \cdot m_{NO_2^-} + b$$

b 空气样品的采集

（1）现场空白样品的采集。

采集二氧化氮样品时，应准备一个现场空白吸收管，和其他采样吸收管同时带到现场。该管不采样，采样结束后和其他采样吸收管一起带回实验室，进行测定。

（2）二氧化氮现场平行样品的采集。

用两台相同型号的采样器，以同样的采样条件（包括时间、地点、吸收液、流量、朝向等）采集两个气体平行样。

采样时，移取 10.0mL 吸收液置于气泡吸收管中，用尽量短的硅橡胶管将其与采样器相连，以 0.5mL/min 流量采气 4~24L。

移取 10.0mL 吸收液置于吸收管中，用尽量短的硅橡胶管将其与采样器相连，以 0.2~0.4L/min 流量，避光采样至吸收液呈微红色为止。记录采样时间，密封好采样管，带回实验室测定。

在采样的同时，记录现场温度和大气压力。

c　样品的测定

采样后，于暗处放置20min(室温20℃以下放置40min以上)后，用水将吸收管中的体积补充至刻线，混匀。按照绘制标准曲线的方法和条件，测量试剂空白溶液和样品溶液及现场空白样的测定的吸光度。

当现场空白值高于或低于试剂空白值时，应以现场空白值为准，对该采样点的实测数据进行校正。

F　数据处理和数据分析

空气中氮氧化物的计算采用下列公式：

$$氮氧化物(NO_2^-) = \frac{A - A_0 - a}{bfV_0}V \ (mg/m^3)$$

式中　A，A_0——分别为样品溶液和试剂空白溶液的吸光度；

　　　a，b——分别为标准曲线的斜率和截距；

　　　V——移取吸收液的体积（mL）；

　　　V_0——换算为标准状态下的采样体积；

　　　f——Saltzman实验系数，0.88。

实训2　空气中二氧化硫样品的采集与测定

A　实验意义和目的

二氧化硫是主要空气污染物之一，为例行监测的必测项目。它来源于煤和石油等燃料的燃烧、含硫矿石的冶炼、硫酸等化工产品生产排放的废气。SO_2是一种无色、易溶于水、有刺激性气味的气体，能通过呼吸进入气管，对局部组织产生刺激和腐蚀作用，是诱发支气管炎等疾病的原因之一。特别是当它与烟尘等气溶胶共存时，可加重对呼吸道黏膜的损害。测定空气中SO_2常用的方法有分光光度法、紫外荧光法、电导法、定电位电角法和气相色谱法。其中，紫外荧光法和电导法主要用于自动监测。本实验采用四氯汞钾吸收–盐酸副玫瑰苯胺分光光度法测定空气中的SO_2。

通过本次实验，可了解空气中二氧化硫的来源与危害，学会空气采样器的使用方法及用溶液吸收法采集空气样品，掌握用分光光度法测定二氧化硫的原理与操作，以及分光光度分析的数据处理方法；根据污染物监测结果，分析空气质量状况。

B 原理

二氧化硫被四氯汞钾溶液吸收后，生成稳定的二氯亚硫酸盐配合物，再与甲醛及盐酸副玫瑰苯胺作用，生成紫红色配合物。根据颜色深浅，比色定量。

本方法适用于大气中二氧化硫的测定，检出限为 $0.15\mu g/5mL$，可测定大气中二氧化硫浓度范围为 $0.0015 \sim 0.500 mg/m^3$。

C 实验注意事项

（1）温度对显色有影响，温度越高，空白值越大；温度高时发色快，褪色也快。最好使用恒温水浴控制显色温度。测定样品时的温度和绘制标准曲线时的温度相差不要超过 $2℃$。

（2）六价铬能使紫红色配位化合物褪色，产生负干扰，故应避免用硫酸—铬酸洗液洗涤玻璃器皿。若已用硫酸—铬酸洗液洗涤过，则需用（1+1）盐酸溶液浸洗，再用水充分洗涤。

（3）用过的比色管和比色皿应及时用酸洗涤，否则红色难于洗净，可用（1+4）盐酸加 1/3 乙醇的混合溶液浸洗。

（4）0.2% 盐酸副玫瑰苯胺溶液：如有经提纯合格的产品出售，可直接购买使用。如果自己配制，需进行提纯和检验，合格后方能使用。

D 实验仪器

本实验所用仪器有：

（1）多孔玻板吸收管；

（2）大气采样器，流量范围 $0 \sim 1L/min$；

（3）具塞比色管，容积 10mL；

（4）分光光度计。

E 实验步骤

a 采样

用一个内装 5mL 四氯汞钾吸收液的多孔玻板吸收管，以 0.5L/min

流量采气 10～20L。在采样、样品运输及存放过程中，应避免日光直接照射。如果样品不能当天分析，需将样品放在5℃的冰箱中保存，但存放时间不得超过7d。在采样的同时，记录现场温度和大气压力。

　　b　标准曲线的绘制

取8支具塞比色管，按表3-4配制标准色列。

表3-4　二氧化硫标准色列的配制

比色管编号								
二氧化硫标准溶液 (2.0μg/mL)/mL								
四氯汞钾吸收液/mL								
二氧化硫含量/μg								
吸光度 A_0								
校正吸光度 A								
线性回归方程								
线性相关系数 r								

　　各管中加入 0.50mL 氨基磺酸铵溶液，摇匀；再加入 0.50mL 甲醛溶液及 1.50mL 盐酸副玫瑰苯胺溶液，摇匀。当室温为 15～20℃，显色 30min；室温为 20～25℃，显色 20min；室温为 25～30℃，显色 15min。用 10mm 比色皿，在波长 575nm 处，以水为参比，测定吸光度。

　　c　样品测定

样品中若有浑浊物，应离心分离除去。样品放置 20min，以使臭氧分解。

　　将吸收管中的样品溶液全部移入比色管中，用少量水洗涤吸收管，并放入比色管中，使总体积为 5mL。加 0.50mL 氨基磺酸铵溶液，摇匀，放置 10min 以排除氮氧化物的干扰。随后步骤同标准曲线的绘制。

　　如果样品溶液的吸光度超过标准曲线的上限，可用试剂空白液稀释，在数分钟内再测吸光度，但稀释倍数不要大于6。

F 数据处理和数据分析

由下式计算大气中二氧化硫的浓度 c_{SO_2}：

$$c_{SO_2} = \frac{(A - A_0) B_s}{V_0} \ (mg/m^3)$$

式中 A——样品溶液吸光度；

A_0——试剂全程空白液吸光度；

B_s——校准因子，$\mu g/$吸光度单位，即标准曲线斜率的倒数；

V_0——换算为标准状态下（0℃，101325Pa）的采样体积，L。

实训3 空气中总悬浮颗粒物样品的采集与测定（滤膜采集–重量法）

A 实验意义和目的

总悬浮颗粒物（Total Suspended particulates，简称TSP）是指在一定空气体积中，被空气悬浮的全部颗粒物，粒径范围0.01～100μm，常用单位体积内颗粒物总量或总数来表示。空气中悬浮颗粒物不仅是严重危害人体健康的主要污染物，而且也是气态、液态污染物的载体，其成分复杂，并具有特殊的理化特性及生物活性，是空气污染监测的重要项目之一。

总悬浮颗粒物的测定方法有滤膜捕集–重量法、β射线法、振荡天平法等。

清洁的空气是人类和生物赖以生存的环境要素之一，随着工业及交通运输等事业的迅速发展，特别是没和石油的大量使用，将产生的大量有害物质排放到空气中，当其浓度超过环境所能允许的极限并持续一定时间后，就会改变空气的正常组成，破坏自然的物理、化学和生态平衡体系，从而危害人们的生活、工作和健康，损害自然资源及人们的财产、器物等。因此，对空气污染进行监测是十分必要的。这里我们选做TSP的采集与测定实验，希望通过实验，学生能够掌握大气中悬浮颗粒物的测定原理及测定方法，掌握中流量TSP采样器基本操作技术及采样方法。

B　实验原理

通过具有一定切割特性的采样器，以恒速抽取定量体积的空气，使空气中粒径小于 $100\mu m$ 的悬浮颗粒被阻留在已恒重的滤膜上。根据采样前、后滤膜重量之差及采集的气体体积，即可计算 TSP 的质量浓度（ mg/m^3 ）。检测限为 $0.001mg/m^3$ 。

C　实验注意事项

（1）滤膜上积尘较多或电源电压变化时，采样流量会有波动，应随时注意检查和调节流量；

（2）抽气动力和排气口应放在滤膜采样夹的下风口，必要时将排气口垫高，以避免排气将地面尘土扬起；

（3）称量不带衬纸的过氯乙烯滤膜，在取放滤膜时，须用金属镊子触一下天平盘，以消除静电的影响。

D　实验仪器

本实验使用的仪器有：

（1）大流量或中流量采样器（带切割器）；

（2）大流量孔口流量计；

（3）滤膜：超细玻璃纤维滤膜；

（4）滤膜保存盒：用于存放、运输滤膜，保证滤膜在采样前处于平展状态；

（5）滤膜袋：用于存放采样后对折的滤膜；

（6）恒温恒湿箱：控温精度 $\pm 1℃$ ，相对湿度控制在（ 50 ± 5 ）%；

（7）X 光看片机：用于检查滤膜有无缺损；

（8）分析天平。

E　实验步骤

a　滤膜准备

在采样前，对每张滤膜均需用 X 光看片机进行检查，不得有针孔或任何缺陷。对选好的滤膜打孔编号。

将选中的滤膜放在恒温恒湿箱中平衡 24h，平衡温度取 15~30℃

范围的任一点，记录下平衡温度与湿度。称量已平衡的滤膜（30s 内称完），记下滤膜的质量 W_0（精确至 0.1mg）。将称好的滤膜放入滤膜保存盒内。

b　采样

在采样现场安装好空气采样泵，取出滤膜夹，擦掉上面的灰尘；将滤膜的"绒毛"面向上，放在支持网上，并对正放上滤膜夹，拧紧螺丝，使其不漏气；安装采样头顶盖和设置采样时间后，即可启动采样器采样。以恒定的流量采集样品 1～2h，记录采样流量和采样时间，同时读取现场气温和气压。采样后，用镊子小心取下滤膜，检查有无损坏。将滤膜采样面向里对折，放入已编号的滤膜袋中，按表 3-5 做好记录。

表 3-5　空气中总悬浮颗粒物的采样记录

采样流量/L·min^{-1}		
采样时间/min		
温度/℃		
大气压力/Pa		
平行样品号		
采样体积/L		
标准体积/L		

c　样品测定

将已采样的滤膜放在恒温恒湿箱中，在与采样前干净滤膜平衡条件相同的温度和湿度下，平衡 24h。然后在上述平衡条件下称量，称量要迅速（30s 内称完）。记录滤膜重量 W_1。

F　结果计算

$$TSP = \frac{W - W_0}{V_r} \times 1000 \quad (mg/m^3)$$

式中　W——样品滤膜质量，g；

$\quad\quad W_0$——空白滤膜质量，g；

$\quad\quad V_r$——换算为参比状态下的采样体积，m^3。

实训4　大气中 PM2.5 的测定

A　实验目的和要求

掌握大流量采样（重量法）的原理和测定 PM2.5 的技术。

B　实验原理

以恒速抽取定量体积的空气，使其通过具有 PM2.5 切割特性的采样器，PM2.5 被收集在已恒重的滤膜上。根据采样前、后滤膜重量之差及采样体积，计算出 PM2.5 的质量浓度。

C　实验仪器

本实验所用仪器有：

（1）PM2.5 大流量采样器：采样流量（工作点流量）一般为 $1.05 m^3/min$；

（2）滤膜：超细玻璃纤维或聚氯乙烯等有机滤膜；

（3）滤膜袋：用于存放采样后对折的滤膜。袋面印有编号、采样日期、采样地点、采样人姓名等栏目；

（4）滤膜保存盒：用于保存滤膜，保证滤膜在采样前处于平展、不受折状态；

（5）镊子：用于夹取滤膜；

（6）恒温恒湿箱（室）：箱（室）内空气温度要求在 15～30℃连续可调，控温精度 ±1℃；箱（室）内空气相对湿度应控制在 45%～55%。恒温恒湿箱（室）可连续工作；

（7）分析天平：最小分度 0.1mg；

（8）大流量孔口流量计：量程 $0.8～1.4 m^3/min$，准确度不超过 2%，附有与孔口流量计配套的 U 形管压差计（或智能流量校准器），最小分度 10Pa；

（9）气压计；

（10）温度计。

D　测定步骤

a　PM2.5 大流量采样器流量校准

用大流量孔口流量计校准 PM2.5 大流量采样器流量时，摘掉采样头中的切割器。

（1）从气压计、温度计分别读取环境大气压和环境温度。

（2）将 PM2.5 大流量采样器采样流量换算成标准状况下的流量。计算公式如下

$$Q_n = \frac{Q p_t T_n}{p_n T_1}$$

式中　Q——标准状况下的采样器流量，m^3/min；

　　　p_t——流量校准时环境大气压，kPa；

　　　T_n——标准状况的热力学温度，273K；

　　　T_1——流量校准时环境温度，K；

　　　p_n——标准状况下的大气压，101.325kPa。

（3）将计算的标准状况下的流量 Q_n 代入下式，求出修正项 y。

$$y = bQ_n + a$$

式中，斜率 b 和截距 a 由大流量孔口流量计的标定部门给出。

（4）计算大流量孔口流量计压差 Δp。

$$\Delta p = y^2 \cdot p_n \cdot T_1 / (p_1 \cdot T_n)　（Pa）$$

（5）打开采样头顶盖，按正常采样位置，放一张干净的滤膜，将大流量孔口流量计的孔口与采样头密封连接。孔口的取压口接好 U 形管压差计（或智能流量校准器）。

（6）接通电源，开启 PM2.5 大流量采样器，待工作正常后，调节采样器流量，使大流量孔口流量计压差达到计算的 Δp。

校准流量时，要确保气路密封。流量校准后，如发现滤膜上尘的边缘轮廓不清晰或滤膜安装歪斜等情况，可能造成漏气，应重新进行校准。校准合格的采样器，即可用于采样。

b　空白滤膜准备

（1）将滤膜放在恒温恒湿箱（室）中平衡24h。平衡条件：温度取 15~30℃ 中任一点，相对湿度控制在 45%~55%。记录平衡温度与相对湿度。

（2）在上述平衡条件下称量滤膜，滤膜称量精确到 0.1mg。记录滤膜质量。

（3）称重后的滤膜平展地放在滤膜保存盒中，采样前不得将滤膜弯曲或折叠。

c　采样

按照说明书要求操作 PM2.5 大流量采样器。

（1）打开采样头顶盖，取出滤膜夹，用清洁干布擦去采样头上及滤膜夹的灰尘。

（2）将已编号并称量过的滤膜毛面向上，放在滤膜网托上，然后放滤膜夹，对正、拧紧，使不漏气。盖好采样头顶盖，按照采样器使用说明操作，设置好采样时间，即可启动采样。

（3）当采样器不能直接显示标准状况下的累积采样体积时，需记录采样期间测试现场平均环境温度和平均大气压。

（4）采样结束后，打开采样头，用镊子轻轻取下滤膜，采样面向里，将滤膜对折，放入号码相同的滤膜袋中。取滤膜时，如发现滤膜损坏，或滤膜上尘的边缘轮廓不清晰、滤膜安装歪斜等，表示采样时有漏气，则本次采样作废，需重新采样。

d　滤膜的平衡及称量

（1）采样后的滤膜放在恒温恒湿箱（室）中，在与空白滤膜平衡条件相同的温度，相对湿度下，平衡 24h。

（2）在上述平衡条件下称量滤膜，滤膜称量精确到 0.1mg。记录滤膜质量。

E　计算

PM2.5 的计算采用下列公式：

$$PM2.5 = \frac{m_1 - m_0}{V_n} \times 1000 \ （mg/m^3）$$

式中　m_1——采样后滤膜质量，g；

　　　m_0——空白滤膜质量，g；

　　　V_n——标准状态下的累积采样体积，m^3。

当 PM2.5 大流量采样器未直接显示出标准状态下的累积采样体积 V_n 时，按下式计算：

$$V = \frac{Q p_2 T_n t}{p_n T_2} \times 60$$

式中　Q——采样器采样流量，m^3/min；

$\quad\quad p_2$——采样期间测试现场平均大气压，kPa；

$\quad\quad T_n$——标准状态的热力学温度，273K；

$\quad\quad t$——累积采样时间，h；

$\quad\quad p_n$——标准状态下的大气压，101.325kPa；

$\quad\quad T_2$——采样期间测试现场平均环境温度，K。

F　实验注意事项

（1）滤膜称量时的质量控制。取清洁滤膜若干张，在恒温恒湿箱（室）内，按平衡条件平衡24h，称量。每张滤膜非连续称量10次以上，算出每张滤膜的平均质量作为该张滤膜的原始质量。以上述滤膜作为"标准滤膜"。每次称空白滤膜或采样后的滤膜的同时，称量两张"标准滤膜"。若标准滤膜称出的质量在原始质量的±5mg（中流量采样为±0.5mg）范围内，则认为该批样品滤膜称量合格，数据可用；否则，应检查称量条件是否符合要求，并重新称量该批样品滤膜。

若恒温恒湿箱（室）控温精度达不到±1℃，滤膜平衡与称量时温度须在要求范围内，变化不得超过±3℃。滤膜称量时，要消除静电的影响。

（2）PM2.5 大流量采样器应定期维护，通常每月维护一次，所有维护项目应详细记录。

（3）要经常检查采样头是否漏气。当滤膜安放正确，采样后滤膜上颗粒物与四周白边之间出现界线模糊时，则表明须更换滤膜密封垫。

（4）对电动机有电刷的 PM2.5 大流量采样器，应在可能引起电动机损坏以前更换电动机电刷，更换时间凭经验确定。更换电刷后，要重新校准流量。新更换电刷的采样器应在负载条件下运转1h，待电刷与转子的整流子良好接触后，再进行流量校准。

（5）根据 PM2.5 大流量采样器的切割特性，其采集的颗粒是空气动力学当量质量中位径为 2.5μm 的颗粒物。

实训5　城市区域空气质量监测

滨州市空气以煤烟型污染为主，在工业区、商业区和生活居住区任选一个区域单位作为研究对象，对空气质量状况进行监测，并进行评价。要求用 SO_2、NO_x 和 TSP 三项主要污染物指标计算空气污染指数（API），表征空气质量状况。

A　实验目的和要求

（1）监测并评价某一区域的空气质量。

（2）在现场调查的基础上，根据布点采样原则，选择适宜的布点方法（功能区布点法或网格布点法），确定采样频率及采样时间，掌握测定空气中 SO_2、NO_x 和 TSP（瞬时和日平均浓度）的采样和监测方法。

（3）根据三项污染物监测结果，计算空气污染指数（API），描述和评价该区域空气质量状况，根据现场调查予以说明。

（4）过程中实施实验室质量控制（质量控制图或密码样品控制），有条件的实施质量保证体系。

B　组织和分工

成立监测小组，进行任务分工，在现场调查的基础上制订监测计划预案及对可能发生情况的应变预案，准备领取或采购仪器、试剂，准备交通工具，配制试剂和调试仪器等。以上各项工作均需形成文件（纸质或电子版）。

C　测定方法的选择

测定空气中 SO_2、NO_x 和 TSP（瞬时和日平均浓度）的方法有多种，根据监测目的进行选择，比较各种方法的特点、限制条件、仪器和试剂要求、测定的浓度范围、灵敏度、准确度等。

监测过程需全程记录，包括测定数据、参加人员及分工、环境条件等。

D　现场采样和实验室监测

按计划现场采样，注意天气情况。做好样品保存、运输、记录工作。实验室交接后，进行实验数据处理和分析。按要求做好全过程质量控制工作。

E　监测报告的编写

监测报告内容至少包括：任务来源、监测目的、现场调查、组织和人员分工、监测计划制订、准备工作、计划实施、质量保证（或实验室质量控制）、采样和样品保存、运输、实验室分析、数据处理、区域环境质量状况结论等。

F 总结

要求每个参与实验的人员总结心得体会和建议。所有资料、文件装订成册并归档，作为教学资料保存。

4 　固体废物监测及实训

4.1　固体废物样品分类

4.1.1　危险废物的定义和鉴别

危险废物是指在国家危险废物名录中，或根据国务院环境保护部门规定的危险废物鉴别标准认定的具有危险性的废物。

一种废物是否对人类环境造成危害，可用下列四点来定义鉴别：（1）引起或严重导致人类和动植物死亡率增加；（2）引起各种疾病的增加；（3）降低对疾病的抵抗力；（4）在处理、贮存、运送、处置或其他管理不当时，对人体健康或环境会造成现实的或潜在的危害。

4.1.2　固体废物的分类

工业固体废物是指在工业、交通等生产活动中产生的固体废物。

城市生活垃圾是指在城市日常生活中或者为城市日常生活提供服务的活动中产生的固体废物，以及法律、行政法规规定视为城市生活垃圾的固体废物。

城市生活垃圾主要包括厨房垃圾、普通垃圾、庭院垃圾、清扫垃圾、商业垃圾、建筑垃圾、危险垃圾（如医院传染病房、放射性治疗系统、核试验室等排放的各种废物）等。城市生活垃圾的组成很复杂，通常包括食品垃圾、纸类、细碎物、金属、玻璃、塑料等，各组分所占比例随不同国家、不同地区、不同环境而有较大差异。

随着生产力的发展和居民生活水平的提高，城市生活垃圾的产生量也在迅速增加，成分日益庞杂。每年全球城市生活垃圾大致以1%~3%的速度增长，美国年递增率约为5%，韩国达12%。近几年随着经济的发展和城市化进程的加快，我国城市生活垃圾的增长也较为迅猛。我国城市生活垃圾清运量还在以每年8%~9%的速度递增，许多城市出现了"垃圾围城"的景象。城市生活垃圾的污染问题已经成为世界性城市公害之一,对城市生活垃圾处理技术的研究变得越来越紧迫。

目前,国内外广泛采用的城市生活垃圾的处理方式,主要有卫生填埋、焚烧(包括热解和气化)、堆肥和再生利用四种方式。针对不同的方式,有不同的监测项目和重点。例如焚烧,垃圾的热值是决定性参数;而堆肥,则需测定生物降解度、堆肥的腐熟程度;对填埋来说,渗沥水分析和堆场周围的苍蝇密度则为主要项目。

4.2 固体废物样品采集

固体废物的监测包括:采样计划的设计和实施、分析方法、质量保证等方面。其中,采样是一个十分重要的环节。所采样本的质量如何,直接关系到分析结果的可靠性。特别是在分析手段日益精细、分析结果日益精密的今天,采样可能是造成分析结果变异的主要原因,有时甚至起着决定性的作用。

为了使采集样品具有代表性,在采集之前要调查研究生产工艺过程、废物类型、排放数量、堆积历史、危害程度和综合利用等情况。如属于危险废物,则应根据其危险特性采取相应的安全措施。

4.2.1 样品的采集

4.2.1.1 工业固体废物的采集

A 采样工具

工业固体废物的采样工具包括尖头钢锹、钢锤、采样探子、采样钻、气动和真空探针、取样铲、带盖盛样桶或内衬塑料薄膜的盛样袋等。

B 采样程序

(1)根据固体废物批量大小确定采样单元(采样点)个数;

(2)根据固体废物的最大粒度(95%以上能通过最小筛孔尺寸)确定采样量;

(3)根据固体废弃物的赋存状态,选用不同的采样方法,在每一个采样点上采取一定质量的物料,组成总样(见图4-1),并认真

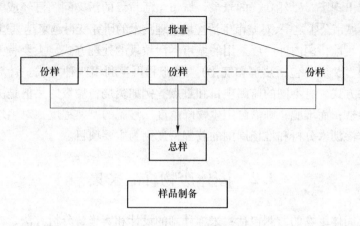

图 4-1   采样示意图

填写采样记录。

习题 4-1

一堆 120t 的固体废物，95％能通过的最大筛孔为 120mm。求：

（1）所采份样最少为多少个？

（2）每份最少要多重？

C   采样单元数

采样单元的多少取决于两个因素：

（1）物料的均匀程度：物料越不均匀，采样单元应越多；

（2）采样的准确度：采样的准确度要求越高，采样单元应越多。

最小采样单元数可以根据物料批量的大小进行估计。如表 4-1 所示。

表 4-1   批量大小与最小采样单元数

批量大小	最小采样单元数/个	批量大小	最小采样单元数/个
<1	5	≥100	30
≥1	10	≥500	40
≥5	15	≥1000	50
≥30	20	≥5000	60
≥50	25	≥10000	80

单位：固体：t；液体：1000L。

D　采样量

采样量的大小主要取决于固体废物颗粒的最大粒径，颗粒越大，均匀性越差，采样量应越多。采样量可根据切乔特经验公式（又称缩分公式）计算：

$$Q = Kd^a$$

式中　Q——应采的最小样品量，kg；

　　　d——固体废物最大颗粒直径，mm；

　　　K——缩分系数；

　　　a——经验常数。

K、a 都是经验常数，与固体废物的种类、均匀程度和易破碎程度有关。一般矿石的 K 值介于 $0.05 \sim 1$ 之间。固体废物越不均匀，K 值就越大。a 的数值介于 $1.5 \sim 2.7$ 之间，一般由实验确定。

E　采样方法

a　现场采样

当废物以运送带、管道等形式连续排出时，须按一定的间隔采样，采样间隔根据表4-1中规定的数值，按下式计算：

$$T \leqslant \frac{Q}{n}$$

式中　T——采样质量间隔，t；

　　　Q——批量，t；

　　　n——表4-1中规定的采样单元数。

注意：

采第一个试样时，不能在第一间隔的起点开始，可在第一间隔内随机确定。在运送带上或落口处采样，应截取废物流的全截面。

b　运输车及容器采样

在运输一批固体废物时，当车数不多于该批废物规定的采样单元数时，每车应采样单元数按下式计算：

$$每车应采样单元数（小数应进为整数） = \frac{规定采样单元数}{车数}$$

在车中，采样点应均匀分布在车厢的对角线上（如图4-2所示），端点距车角应大于 0.5m，表层去掉 30cm。

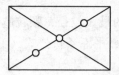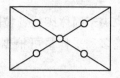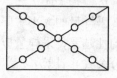

图 4-2 车厢中的采样布点的位置

对于一批若干容器盛装的废物，按表 4-2 选取最少容器数，并且每个容器中均随机采两份样品。

表 4-2 所需最少采样车数

车数（容器）	所需最少采样车数
<10	5
10~25	10
25~50	20
50~100	30
>100	50

c 废渣堆采样法

在渣堆两侧距堆底 0.5m 处画第一条横线，然后每隔 0.5m 画一条横线；再每隔 2m 画一条横线的垂线，其交点作为采样点。按表 4-1 中的采样单元数确定采样点数，在每点上从 0.5~1.0m 深处各随机采样一份（如图 4-3 所示）。

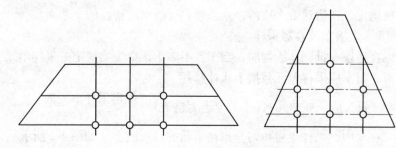

图 4-3 废渣堆中采样点的分布

4.2.1.2 城市生活垃圾的采集

城市生活垃圾样品的采集可参照工业固体废物，也可按下列步骤进行。

A 采样工具

采样工具包括：50L 搪瓷盆、100kg 磅秤、铁锹、竹夹、橡皮手套、剪刀和小铁锤等。

B 采样方法与步骤

（1）采样点的确定：为了使样品具有代表性，采用点面结合方式确定几个采样点。在市区选择 2～3 个居民生活水平与燃料结构具代表性的居民生活区作为点；再选择一个或几个垃圾堆放场所作为面，定期采样。做生活垃圾全面调查分析时，点面采样时间定为每半个月一次。

（2）方法与步骤：采样点确定后，即可按下列步骤采集样品。

将 50L 容器（搪瓷盆）洗净、干燥、称量、记录，然后布置于点上，每个点若干个容器；面上采集时，带好备用容器。

点上采样量为该点 24h 内的全部生活垃圾，到时间后收回容器，并将同一点上若干容器内的样品全部集中；面上的取样数量以 50L 为一个单位，要求从当日卸到垃圾堆放场的每车垃圾中进行采样（即每车 5t），共取 $1m^3$ 左右（约取 20 个垃圾车的样品）。

将各点集中或面上采集的样品中大块物料现场人工破碎，然后用铁锹充分混匀。此过程应尽可能迅速完成，以免水分散失。

混合后的样品现场用四分法，把样品缩分到 90～100kg 为止，即为初样品。将初样品装入容器，取回分析。

4.2.2 样品的制备

根据以上采样方法采取的原始固体试样，往往数量很大、颗粒大小悬殊、组成不均匀，无法进行实验分析。因此，在实验室分析之前，需对原始固体试样进行加工处理，称为制样。制样的目的是将原始试样制成满足实验室分析要求的分析试样，即数量缩减到几百克、组成均匀（能代表原始样品）、粒度细（易于分解）。制样的步骤包括：破碎、过筛、混匀、缩分。制样的四个步骤反复进行，直至达到实验室分析试样要求为止。样品的制备过程如图4-4所示。

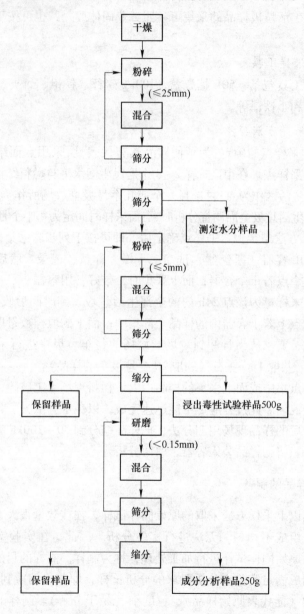

图 4-4 工业固体废物样品制备

4.2.2.1 制样工具

制样工具包括粉碎机械（粉碎机、破碎机等）、药碾、研钵、钢锤、标准套筛、十字分样板、机械缩分器等。

4.2.2.2 工业固体废物样品制备

将所采样品均匀平铺在洁净、干燥、通风的房间自然干燥。当房间内有多个样品时，可用大张干净滤纸盖在搪瓷盘表面，以避免样品受外界环境污染和交叉污染。

A 粉碎

经破碎和研磨以减小样品的粒度：粉碎可用机械或手工完成。将干燥后的样品根据其硬度和粒径的大小，采用适宜的粉碎机械，分段粉碎至所要求的粒度（见图4-4）。

B 筛分

使样品保证95%以上处于某一粒度范围。根据样品的最大粒径选择相应的筛号，分阶段筛出全部粉碎样品。筛上部分应全部返回粉碎工序重新粉碎，不得随意丢弃。

C 混合

使样品达到均匀。混合均匀的方法有堆锥法、环锥法、掀角法和机械拌匀法等，使过筛的样品充分混合。

D 缩分

缩分样品，以减少样品的质量。根据制样粒度，使用缩分公式求出保证样品具有代表性前提下应保留的最小质量，采用圆锥四分法进行缩分。

圆锥四分法：将样品置于洁净、平整板面（聚乙烯板、木板等）上，堆成圆锥形，将圆锥尖顶压平，用十字分样板自上压下，分成四等分，保留任意对角的两等分。重复上述操作，直至达到所需分析试样的最小质量。

4.2.2.3 城市生活垃圾样品的制备

A 分拣

将采集的生活垃圾样品按表4-3的分类方法手工分拣垃圾样品，并记录下各类成分的比例或质量。

表4-3   垃圾成分分类

类别	有机物		无机物		可 回 收 物						
	动物	植物	灰土	砖瓦陶瓷	纸类	塑料橡胶	纺织物	玻璃	金属	木竹	其他

B   粉碎

分别对各类废物进行粉碎。对灰土、砖瓦陶瓷类废物，先用手锤将大块敲碎，然后用粉碎机或其他粉碎工具进行粉碎；对动植物、纸类、纺织物、塑料等废物，用剪刀剪碎。粉碎后样品的大小，根据分析测定项目确定。

C   混合缩分

混合缩分采用圆锥四分法。

4.2.3   样品水分的测定

称取样品20g左右。测定无机物时，可在105℃下干燥，恒重至±0.1g，测定水分含量。

测定有机物时，应于60℃下干燥24h，测定水分含量。

固体废物测定结果以干样品计算，当污染物含量小于0.1%时，以mg/kg表示；含量大于0.1%时，以百分含量表示，并说明是水溶性或总量。

4.2.4   样品的运送和保存

样品在运送过程中，应避免样品容器的倒置。

样品应保存在不受外界环境污染的洁净房间内，并密封于容器中保存，贴上标签备用。必要时可采用低温、加入保护剂的方法。制备好的样品，一般有效保存期为三个月，易变质的试样不受此限制。最后，填写采样记录表，一式三份，分别存于有关部门。

4.3   生活垃圾和卫生保健机构样品监测

4.3.1   生活垃圾及其分类

4.3.1.1   生活垃圾的概念

生活垃圾是指城镇居民在日常生活中抛弃的固体垃圾，主要包括厨余垃圾、医院垃圾、市场垃圾、建筑垃圾和街道扫集物等。其中医院垃圾和建筑垃圾应予以单独处理。

4.3.1.2　生活垃圾分类

生活垃圾分类如下：

（1）废品类；

（2）厨房类（厨余垃圾）；

（3）灰土类。

4.3.1.3　处理方法

生活垃圾的处理方法大致有焚烧、卫生填埋和堆肥。不同的处理方法，其监测的重点和项目也不一样（图4-5）。

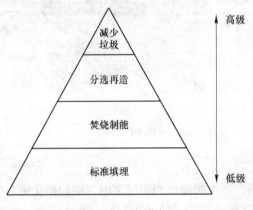

图4-5　垃圾分级

4.3.2　垃圾的粒度分级

采用筛分法，将一系列不同的筛目的筛子按规格序列由小到大排列，筛分时，依次连续摇动15min，依次转到下一号筛子，然后计算每一粒度微粒所占的百分比。如果需要在试样干燥后再称量，则需在70℃的温度下烘干24h，然后再在干燥器中冷却后筛分（图4-6）。

4.3.3　淀粉的测定

4.3.3.1　测定原理

垃圾在堆肥处理过程中，需借助淀粉量分析来鉴定堆肥的腐熟程

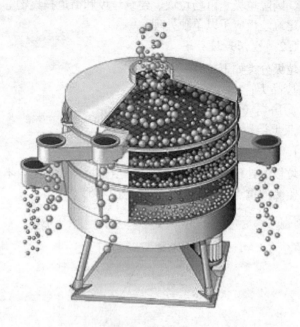

图 4-6　筛子

度。利用垃圾在堆肥过程中形成的淀粉碘化络合物的颜色变化与堆肥降解度的关系，当堆肥降解尚未结束时，淀粉碘化络合物呈蓝色；降解结束即呈黄色。堆肥颜色的变化过程是深蓝—浅蓝—灰—绿—黄。

4.3.3.2　步骤和试剂

分析试验的步骤为：

（1）将 1g 堆肥置于 100mL 烧杯中，滴入几滴酒精使其湿润，再加 20mL 36% 的高氯酸；

（2）用纹网滤纸（90 号纸）过滤；

（3）加入 20mL 碘反应剂到滤液中并搅动；

（4）将几滴滤液滴到白色板上，观察其颜色变化。

所用试剂为：（1）碘反应剂：将 2g KI 溶解到 500mL 水中，再加入 0.08g I_2；（2）36% 的高氯酸；（3）酒精。

4.3.4 生物降解度的测定

垃圾中含有大量天然的和人工合成的有机物质，有的易于生物降解，有的难以生物降解。目前，通过试验已经寻找出一种可以在室温下对垃圾生物降解作出适当估计的 COD 试验方法。

分析步骤为：

（1）称取 0.5g 已烘干磨碎试样于 500mL 锥形瓶中；

（2）准确量取 20mL $c_{\frac{1}{6}(K_2Cr_2O_7)}$ =2mol/L 重铬酸钾溶液加入试样瓶中并充分混合；

（3）用另一支量筒量取 20mL 硫酸加到试样瓶中；

（4）在室温下将这一混合物放置 12h 且不断摇动；

（5）加入大约 15mL 蒸馏水；

（6）再依次加入 10mL 磷酸、0.2g 氟化钠和 30 滴指示剂，每加入一种试剂后必须混合；

（7）用标准硫酸亚铁铵溶液滴定，在滴定过程中颜色的变化是从棕绿→绿蓝→蓝→绿，在滴定终点时出现的是纯绿色；

（8）用同样的方法在不放试样的情况下做空白试验；

（9）如果加入指示剂时易出现绿色，则试验须重做，必须再加 30mL 重铬酸钾溶液。

生物降解度 BDM 的计算：

$$BDM = \frac{V_2 - V_1}{V_2} \times V \times c \times 1.28$$

式中　V_1——试样滴定体积，mL；

　　　V_2——空白试验滴定体积，mL；

　　　V——重铬酸钾的体积，mL；

　　　c——重铬酸钾的浓度；

　　　1.28——折合系数。

4.3.5 热值的测定

焚烧是一种可以同时并快速实现垃圾无害化、稳定化、减量化、资源化的处理技术。在工业发达国家，焚烧已经成为城市生活垃圾处理的重要方法，我国也正在加快垃圾焚烧技术的开发研究，以推进城市垃圾的综合利用。

　　热值是废物焚烧处理的重要指标，分高热值和低热值。垃圾中可燃物燃烧产生的热值为高热值。垃圾中含有的不可燃物质（如水和不可燃惰性物质），在燃烧过程中消耗热量。当燃烧升温时，不可燃惰性物质吸收热量而升温；水吸收热量后气化，以蒸汽形式挥发。高热值减去不可燃惰性物质吸收的热量和水汽化所吸收的热量，称为低热值。显然，低热值更接近实际情况，在实际工作中意义更大。两者换算公式为：

$$H_N = H_0 \frac{100 - (I + W)}{100 - W_L} 5.85W$$

式中　H_N——低热值，kJ/kg；

　　　H_0——高热值，kJ/kg；

　　　I——惰性物质含量，%；

　　　W——垃圾的表面湿度，%；

　　　W_L——剩余的和吸湿性的湿度，%。

　　热值的测定可以用量热计法或热耗法。测定废物热值的主要困难是要了解废物的比热值，因为垃圾组分变化范围大，各种组分比热差异很大，所以测定某一垃圾的比热是一复杂过程。而对组分比较简单的（例如含油污泥等），就比较容易测定。

4.3.6　渗沥水分析

　　渗沥水是指垃圾本身所带水分，以及降水等与垃圾接触而渗出来的溶液，它提取或溶出了垃圾组成中的污染物质甚至有毒有害物质，一旦进入环境，会造成难以挽回的后果。由于渗沥水中的水量主要来源于降水，所以在生活垃圾的三大处理方法中，渗沥水是填埋处理中最主要的污染源。合理的堆肥处理一般不会产生渗沥水，焚烧处理也不产生，只有露天堆肥、裸露堆物时有可能产生。

4.3.6.1 渗沥水的特性

渗沥水的特性决定于它的组成和浓度。由于不同国家、不同地区、不同季节的生活垃圾组分变化很大，并且随着填埋时间的不同，渗沥水组分和浓度也会变化。因此，它的特点为：

（1）成分的不稳定性：主要取决于垃圾的组成；

（2）浓度的可变性：主要取决于填埋时间；

（3）组成的特殊性：渗沥水既不同于生活污水，而且垃圾中存在的物质，渗沥水中不一定存在，一般废水中有的它也不一定有。例如，在一般生活污水中，有机物质主要是蛋白质（40%～60%）、碳水化合物（25%～50%）以及脂肪、油类（10%），但在渗沥水中几乎不含油类。因为生活垃圾具有吸收和保持油类的能力，在数量上至少达到 2.5g/kg 干废物。生活垃圾中几乎没有氰化物、金属铬和金属汞等水质必测项目。

4.3.6.2 渗沥水的分析项目

根据实际情况，我国提出了渗沥水理化分析和细菌学检验方法，内容包括：色度、总固体、总溶解性固体与总悬浮性固体、硫酸盐、氨态氮、凯氏氮、氯化物、总磷、pH 值、BOD、COD、钾、钠、细菌总数、总大肠菌数等。其中细菌总数和大肠菌数是我国已有的检测项目，测定方法基本上参照水质测定方法，并根据渗沥水特点做一些调整。

4.3.7 渗沥试验

工业固体废物和生活垃圾堆放过程中，由于雨水的冲力和自身关系，可能通过渗沥而污染周围土地和地下水。因此，对渗沥水的测定是重要的监测项目。

4.3.7.1 固体废物堆场渗沥水采样的选择

正规设计的垃圾堆场通常设有渗沥水渠道和集水井，采集比较方便。典型的安全堆埋场还设有渗出液取样点，见图4-7。

4.3.7.2 渗沥试验

拟议中的废物堆场对地下水和周围环境产生的可能影响，可采用渗沥试验法确定。

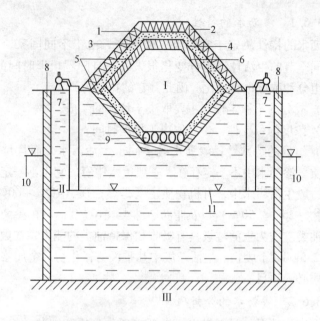

图 4-7　典型安全填埋场示意图及渗沥水采样点图

Ⅰ—废物堆；Ⅱ—可渗透性土壤；Ⅲ—非渗透性土壤

1—表层植被；2—土壤；3—黏土层；4—双层有机内衬；5—沙质土；

6—单层有机内衬；7—渗出液抽汲泵（采样点）；8—膨润土浆；

9—渗出液收集管；10—正常地下水位；11—堆场内地下水位

A　工业固体废物的渗沥模型

固体废物长期堆放，可能通过渗沥污染地下水和周围土地，应进行渗沥模型试验。图 4-8 所示为固体废物渗沥模型试验装置。

固体废物先经粉碎后，通过 0.5mm 孔径筛，然后装入玻璃柱内。在上面玻璃瓶中加入雨水或蒸馏水，以 12mL/min 的速度通过管柱下端的玻璃棉流入锥形瓶内，每隔一定时间测定一次渗析液中有害物质的含量，然后绘出时间 – 渗沥水中有害物浓度曲线。这一试验对研究废物堆场对周围环境影响有一定作用。

B　生活垃圾渗沥柱

某环境卫生设计科研所研制了生活垃圾渗沥柱，用以研究生活垃圾渗沥水的产生过程和组成变化。柱的壳体由钢板制成，总容积为

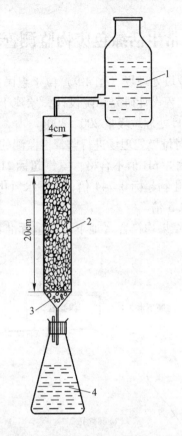

图 4-8 固体废物渗沥模型试验装置
1—雨水或蒸馏水；2—固体废物；3—玻璃棉；4—渗漏液

0.339m^3，柱底铺有碎石层，容积为 0.014m^3；柱上部再铺碎石层和黏土层，容积为 0.056m^3；柱内装垃圾的有效容积为 0.269m^3。黏土和碎石应采自所研究场地，碎石直径为 $1 \sim 3\text{mm}$。

实验时，添水量应参照当地的降水量而定。例如，我国某县年平均降水量为 1074.4mm，日平均降水量为 2.9436mm。由于柱的直径为 600mm，柱的面积乘以降水高度即为日添水量。因此，渗沥柱日添水量为 832mL，可以 7 天（一周）添水一次，即添水 5824mL。

4.4 日常生活绿色废物监测管理实训

假设滨州市某垃圾处理场（图4-9）位于惠民县，经滨州学院环境评估，天津市某工程设计研究总院设计，始建于2006年，于2008年10月投入使用，日处理垃圾量200～300t。

2012年4月，对垃圾处理场进行监督性监测的结果显示：

2号地下水监测井pH值不合格，氨氮超标21.35倍，亚硝酸盐氮超标1874倍，氯化物超标0.744倍；膜下水氯化物超标0.692倍，亚硝酸盐氮超标287.5倍。

而2011年监测结果均符合《地下水质量标准》GB 14848—1993 Ⅲ类水标准要求。

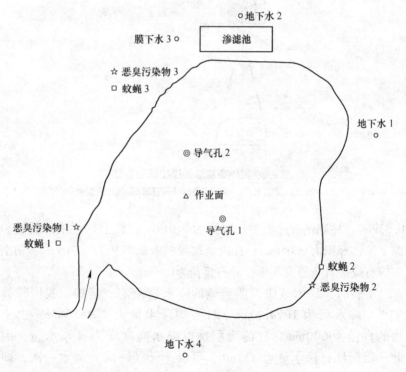

图4-9 垃圾场平面图

要求：

（1）加强环境监控，增加地下水监测点，跟踪地下水污染扩散情况。

（2）拟定防渗系统整治总体方案，抓紧排查防渗系统破损位置，建议采取灌浆修补等措施修复防渗系统。

5 土壤质量监测及实训

5.1 土壤质量监测方案

5.1.1 土壤污染种类和特点

（1）土壤污染源。

天然污染源：矿物风化后自然扩散，火山灰。

人为污染源：农药，化肥，污水灌溉，污泥（垃圾，工业废渣），施肥。

（2）土壤污染危害。

作物减产、食品品质下降、生态系统退化、食物链污染、水环境质量退化、大气环境质量下降。

（3）土壤背景值。

土壤背景值指未受或少受污染和破坏的土壤中元素的含量，是判断土壤是否受到污染或污染程度的标准。

（4）土壤环境容量。

环境容纳污染物质的能力是有一定限度的，这个限度称为环境容量。土壤环境容量是指特定区域的环境容量，在保证不超出环境目标值的前提下，特定区域所能容许的最大排放量。

5.1.2 采样点的布设

5.1.2.1 采样点布设原则

（1）需划分若干个采样单元；

（2）哪里有污染，就在哪里布点，根据技术力量和财力条件，优先布置在那些污染严重、影响农业生产的地方；

（3）采样点不能设在田地、沟边、路边、肥堆边及水土流失严重或表层土被破坏处。

5.1.2.2 采样点的数量

监测区域大，区域环境状况复杂，布设采样点就多；监测范围小，其环境状况差异小，布设采样点数量就少。

一般要求每个采样单元最少设 3 个采样点。

每个采样单元布设的最少采样点数：

$$n = \left(\frac{s \cdot t}{d}\right)^2$$

式中 s——样本标准偏差，即变异系数；

t——置信因子，当置信水平为 95% 时，t 时取值 1.96；

d——允许偏差，当抽样精度不低于 80%，d 取值 0.2。

5.1.2.3 采样点布置方法

（1）对角线布点法。适用于面积较小，地势平坦的污水灌溉或河水灌溉的田块。在对角线上至少分五等分（图 5-1）。

（2）梅花形布点法。适用于面积较小，地势平坦，土壤物质和污染程度较均匀的地块。一般设 5~10 个点（图 5-2）。

图 5-1 对角线布点法　　　图 5-2 梅花形布点法

（3）棋盘式布点法。

1）适用于中等面积，地势平坦，地形完整开阔，但土壤不均匀的田块，一般设 10 个以上分点。

2）适用于受固体废物污染的土壤，因固体废物分布不均匀，应设 20 个点。

（4）蛇形布点法。适用于面积较大，地势不很平坦，土壤不够均匀的田块。布点较多，15 个点以上。

（5）放射状布点法。适用于大气污染型土壤。以大气污染源为中心，向周围画射线，在射线上布设采样分点（图 5-3）。

图 5-3   放射状布点法

（6）网格布点法。适用于地形平缓的地块，将地块划分成若干均与网格方格，采样点的两条交点或方格的中心。对于农用化学物质污染型土壤，土壤背景值调查常采用这种方法。

5.1.2.4   采样深度

一般农作物耕地，只采 0 ~ 20cm 土样。只须了解土壤污染状况时，采表层；须了解土壤污染深度，按土壤剖面层次分层采样。

5.1.2.5   采样时间和频率

一般土壤在农作物收获期采样测定，必测项目一年测一次，其他项目 3 ~ 5 年测一次。

5.1.3   监测项目

根据监测目的确定监测项目。

常规项目：原则上为 GB 15618《土壤环境质量标准》中所要求控制的污染物。

我国土壤常规监测项目为：

金属化合物：镉（Cd）、铬（Cr）、铜（Cu）、汞（Hg）、铅（Pb）、锌（Zn）；

非金属无机化合物：砷（As）、氰化物、氟化物、硫化物等；

有机化合物：苯并（a）芘、三氯乙醛、油类、挥发酚、DDT、六六六等。

土壤优先监测物有以下两类：

第一类：汞、铅、镉，DDT 及其代谢产物与分解产物，多氯联苯（PCB）；

第二类：石油产品，DDT 以外的长效性有机氯、四氯化碳醋酸衍生物、氯化脂肪族，砷、锌、硒、铬、镍、锰、钒，有机磷化合物及其他活性物质（抗生素、激素、致畸性物质、催畸性物质和诱变物质）等。

5.2　土壤样品采集

土壤样品的采集和处理是土壤分析工作的一个重要环节，采集有代表性的样品，是测定结果能如实反映土壤环境状况的先决条件。实验室工作者只能对来样的分析结果负责，如果送来的样品不符合要求，那么任何精密仪器和熟练的分析技术都将毫无意义。因此，分析结果能否说明问题，关键在于样品的采集和处理。

5.2.1　土壤样品的采集

5.2.1.1　土壤样品的类型、采样深度及采样量

A　混合样品

一般性了解土壤污染状况时，采集混合样品：将一个采样单元内各采样分点采集的土样混合均匀制成。

对种植一般农作物的耕地，只需采集 0～20cm 耕作层土壤；对于种植果林类农作物的耕地，采集 0～60cm 耕作层土壤。

B　剖面样品

了解土壤污染深度时，采集剖面样品：按土壤剖面层次分层采样。

剖面规格一般为长 1.5m、宽 0.8m、深 1.0m，每个剖面采集 A、B、C 三层土样。过渡层（AB、BC）一般不采样。当地下水位较高时，挖至地下水出露时止。现场记录实际采样深度，如 0～20、50～65、80～100cm。在各层次典型中心部位自下而上采样，切忌混淆层

次、混合采样。

在山地土壤层薄的地区，B层发育不完整时，只采A、C层样。

干旱地区剖面发育不完整的土壤，采集表层（0~20cm）、中土层（50cm）和底土层（100cm）附近的样品。

5.2.1.2　采样时间和频率

一般土壤在农作物收获期采样测定，必测项目一年测定一次，其他项目3~5年测定一次。

5.2.1.3　采样量及注意事项

（1）填写土壤样品标签、采样记录、样品登记表。1份放入样品袋内，1份扎在袋口。

（2）测定有重金属污染的样品，尽量用竹铲、竹片直接采集样品。

5.2.2　样品加工与管理

5.2.2.1　样品加工处理

（1）制成满足分析要求的土壤样品；

（2）测定不稳定的项目，用新鲜土样（如游离挥发酚、NH_3-N、NO_3^--N、Fe^{2+}）；

（3）测定多数稳定项目用风干土样。加工程序为：风干、磨细、过筛、混合、分装。

5.2.2.2　样品管理

（1）建立严格的管理制度和岗位责任制，按照规定的方法和程序工作，认真按要求做好各项记录；

（2）风干土样存于阴凉、干燥的样品库内；

（3）新鲜土壤样品，放在玻璃瓶中，置于低于4℃的冰箱内存放，保存半个月。

5.3　土壤污染物的测定

根据测定项目不同，选择不同的预处理方法。

5.3.1　土壤样品分解

破坏土壤的矿物晶格和有机质，使待测元素进入试样溶液中。

（1）酸分解法

酸分解法又称消解法，是测定土壤中重金属常选用的方法。常用混合酸消解体系，必要时加入氧化剂或还原剂，加速消解反应。

（2）碱熔分解法

将土壤样品与碱混合，在高温下熔融，使样品分解。

（3）高压釜密闭分解法

将用水润湿、加入混合酸并摇匀的土样放入密封的聚四氟乙烯坩埚内，置于耐压的不锈钢套筒中，放在烘箱内加热（一般不超过180℃）分解。

（4）微波炉加热分解法

将土壤样品和混合酸放入聚四氟乙烯容器中，置于微波炉内加热，使试样分解的方法。

5.3.2　土壤样品提取方法

测定土壤中的有机污染物、受热后不稳定的组分以及进行组分形态分析时，需采用提取方法。

提取溶剂常用有机溶剂、水和酸。

（1）有机污染物的提取。测定土壤中的有机污染物，一般用新鲜土样。称取适量土样放入锥形瓶中，放在振荡器上，用振荡提取法提取。对于农药、苯并(a)芘等含量低的污染物，常用索氏提取器提取。

（2）无机污染物的提取。土壤中易溶无机物组分、有效态组分，可用酸或水浸取。

5.3.3　净化（分离）和浓缩

消除干扰、浓缩待测成分常用的净化方法，有层析法、蒸馏法等；浓缩方法有 K‐D 浓缩器法、蒸发法等。

5.3.4　样品的代表性和采样误差的控制

土壤的不均一性是造成采样误差的最主要原因。

土壤是固、气、液三相组成的分散体系,各种外来物进入土壤后流动、迁移、混合较难,所以采集的样品往往有局限性。一般情况下,采样误差要比分析误差高得多。为保证样品的代表性,必须采取以下两个技术措施控制采样误差:

(1)采样前,要进行现场勘察和有关资料的收集,根据土壤类型、肥力等级和地形等因素,将研究范围划分为若干个采样单元,每个采样单元的土壤要尽可能均匀一致。

(2)要保证有足够多的采样点,使之能充分代表采样单元的土壤特性。采样点的多少,取决于研究范围的大小、研究对象的复杂程度和试验研究所要求的精密度等因素。采样点设置过少,所采样品的偶然性增加,缺乏足够的代表性;采样点设置过多,则增大了采样的工作量,浪费了人力、物力和财力。

5.3.5 土壤污染物的测定

土壤污染物测定中应注意以下几个问题:

(1)监测项目:金属、非金属、有机物;

(2)土壤监测的特点——样品的代表性问题;

(3)要重视采样前的调研工作:采样前应调研当地的自然条件、农业情况、土壤性状、污染历史及现状;

(4)测定方法:与水、空气相同或相似,包括重量法、滴定法、分光光度法、原子吸收法、色谱法;

(5)结果表达:以烘干土为基准—— mg/kg(烘干土样)。

5.3.5.1 含水量

样品在105℃烘干、称重、计算。

$$含水率 = \frac{风干土样 - 烘干土样}{烘干土样} \times 100\%$$

5.3.5.2 pH 值

测定要点:称取通过1mm孔径筛的土样10g于烧杯中,加无二氧化碳蒸馏水25mL,轻轻摇动后用电磁搅拌器搅拌1min,使水和土充分混合均匀,放置30min,用pH计测量上部浑浊液的pH值。

土粒的粗细及水、土比例均对pH值有影响。一般酸性土壤的水土比保持（5∶1）~（1∶1）；碱性土壤水土比以 1∶1 或 2.5∶1 为宜，水土比增加，测得 pH 值偏高。

5.3.5.3 可溶性盐分

可溶性盐分是用一定量的水，从一定量土壤中，经一定时间浸提出来的水溶性盐分。测定方法有重量法、比重计法、电导法、阴阳离子总和计算法等。

注意：水土比例大小和振荡提取时间影响土壤可溶性盐分的提取。此外，抽滤时应尽可能快速，以减少空气中二氧化碳的影响。

5.3.5.4 金属化合物

土壤中金属化合物的测定方法与第 2 章 2.3.2 金属化合物的测定方法基本相同，仅在预处理方法和测量条件方面有差别。

5.3.5.5 有机化合物测定

A 六六六和滴滴涕

广泛使用气相色谱法。对土样中有机物萃取后，用色谱法测定（ECD 检测器）。

a 方法原理

用丙酮－石油醚提取土壤样品中的六六六和滴滴涕，经硫酸净化处理后，用带电子捕获检测器的气相色谱仪测定。根据色谱峰进行两种物质异构体的定性分析；根据峰高（或峰面积）进行各组分的定量分析。

b 仪器及条件

主要仪器：带电子捕获检测器的气相色谱仪；全玻璃进样器；长 1.8~2.0m，内径 2~3mm 螺旋状硬质玻璃填充柱。

色谱条件：固定液：1.5% OV－17（甲基硅酮）＋1.95% QF－1（氟代烷基硅氧烷聚合物）；80~100 目 Chromosorb W AW－DMCS 担体；气化室温度：220℃；柱温：195℃；载气（N_2）流速：40~70mL/min。

c 测定要点

（1）样品预处理：准确称取 20g 土样，先用石油醚－丙酮（1∶1）于索氏提取器中提取，再用浓硫酸和无水硫酸钠净化。

（2）定性和定量分析：用色谱纯 α–六六六、β–六六六、γ–六六六、δ–六六六、p,p′–DDE、o,p′–DDT、p,p′–DDD、p,p′–DDT 和异辛烷、石油醚配制标准工作溶液；分别吸取标液和样品试液近样，记录标液和样品色谱图，根据保留时间定性，根据峰高（或峰面积）定量。用外标法计算土壤样品中的农药含量。

B　苯并（a）芘的测定

苯并（a）芘的测定有：紫外分光光度法、荧光分光光度法、高效液相色谱法等。

（1）紫外分光光度法适于苯并（a）芘含量 >5μg/kg 的土壤。

（2）如苯并（a）芘含量 <5μg/kg，则用荧光分光光度法。

（3）高效液相色谱法的测定要点：

1）土壤样品于索氏提器内用环己烷提取苯并（a）芘；

2）提取液注入高效液相色谱仪测定。

5.4　有机绿色食品产地土壤监测实训

为了科学、准确地了解产地环境质量现状，为优化监测布点提供科学依据，根据绿色食品产地环境特点，兼顾产地自然环境、社会经济及工农业生产对产地环境质量的影响，确保自然资源和生态环境不被破坏，确保生产力和经济效益，确保绿色食品质量和生产者健康，调查应依据《绿色食品产地环境质量》（NY/T 391—2013）标准的规定开展工作。具体工作内容为：

（1）调查研究、收集资料；

（2）确定监测项目；

（3）布设监测（站）点；

（4）选择采样方法及监测技术；

（5）质量评价。

6 物理性污染监测及实训

6.1 噪声污染监测

6.1.1 噪声污染及其控制

一切可听声都有可能被判定为噪声,噪声控制的目的就是降低或消除可听声,噪声的测量也局限在可听声。可听声的频率范围一般在 20Hz~20kHz,频率低于 20Hz 的声称为次声,频率高于 20kHz 的声称为超声。

噪声的分类方法较多,从区分自然现象和人为因素产生的噪声角度出发,可分为自然噪声和人为噪声;按噪声辐射能量随时间的变化,可分为稳态噪声、非稳态噪声和脉冲噪声;按频率分布,可分为低频噪声 (<500Hz)、中频噪声 (500~1000Hz) 和高频噪声 (>1000Hz)。

环境声学一般从城市环境和噪声产生的机理进行分类。按城市环境,可将噪声分为交通噪声、工业噪声、建筑施工噪声和社会生活噪声;按发生机理,可将噪声分为机械噪声、空气动力噪声及电磁噪声。

机械噪声,是指机械部件之间在摩擦力、撞击力和非平衡力的作用下振动而产生的噪声,其特征与受振部件的大小、形状、边界条件、激振力的特性有关。空气动力性噪声,是指高速气流、不稳定气流以及由于气流与物体相互作用产生的噪声,其噪声的特征与气流的压力、流速等因素有关。电磁噪声,是指电磁场的交替变化,引起某些机械部件或空间容积振动产生的噪声,其特征主要取决于交变磁场特性、被激发振动部件和空间的大小形状等。

6.1.2 噪声的评价与标准

噪声的评价量和评价方法有十几种,常用的评价量有响度和响度级、噪度和感觉噪声级、总声压级、计权声级和计权网络、等效连续A声级、昼夜等效声级。常用的评价方法有噪声对语言干扰的评价、城市公共噪声的评价、交通噪声的评价、脉冲噪声的评价等评价方法。下面对与企业生产活动关系密切的噪声的评价量和评价方法进行介绍。

6.1.2.1　噪声的评价量

A　响度级

响度级是表示声音响度的量，既考虑声音的物理效应，又考虑声音对人耳听觉的生理效应，是噪声的主观评价量之一。响度级是以1000Hz的纯音为基准音，以其他频率的纯音（噪声）和1000Hz纯音相比较，调整噪声的声压级，使其和基准纯音听起来一样响，则该噪声的响度级在数值上就等于这个纯音的声压级。响度级记为L_N，单位是hpon（方）。60dB、1000Hz的纯音响度级是60hpon，而声压级为67dB的100Hz的纯音与60dB、1000Hz的纯音听起来一样响。因此，声压级为67dB的100Hz的纯音的响度级也是60hpon。

B　噪度

噪度是与人们主观判断噪声的"吵闹"程度成比例的数值量，噪度的单位是noy（呐）。定义在中心频率为1000Hz的倍频带上，声压级为40dB的噪度为1noy。噪度为3noy的噪声听起来"吵闹"是噪度1noy噪声的3倍。

C　语言清晰度指数

语言清晰度指数是指一个正常的语言信号能被听者听懂的百分数。其评价通常在特定的实验条件下来进行，选择具有正常听力的男性和女性组成特定的试听队，对经过仔细选择的包括意义不连贯的章节和单句组成的试听材料进行测试。经过实验测得听者对音节所做出的正确响应与发送的章节总数之比的百分数，称为音节清晰度S。若为有意义的语言单位，则称为语言可懂度，即语言清晰度指数SI。

D　语言干扰级

人们在交谈时，背景噪声的大小会影响交谈的清晰度，为确定背景噪声对交谈的干扰程度，常用语言干扰级（SIL）来描述。

E 噪声评价数曲线

为了表示不同声级和不同频率的噪声对人造成的听力损失、语言干扰和烦恼程度，国际标准化组织推荐使用一簇噪声评价曲线，即NR曲线，又称噪声评价数 NR。它是由 Kosten 和 Vanos 于 1962 年提出的，可用于室内噪声评价或外界噪声评价，也可用于噪声控制工程评价。

噪声污染级是用来评价人对噪声耐受程度的一种评价量，是由综合能量平均值和变动特性两种影响而提出的评价值，因此，它既包含了对噪声能量的评价，同时也包含了噪声涨落的影响。噪声污染级用标准偏差来反映噪声的涨落，标准偏差越大，表示噪声的离散程度越大，即噪声的起伏越大。噪声污染级用符号 LNP 表示。

我国目前颁布实施的噪声法规及标准有《环境噪声污染防治法》、《声环境质量标准》、《交通运输限值标准》、《产品限值标准》和《噪声排放标准》等几大类。下面介绍生产企业环境管理中常用的《声环境质量标准》和《工业企业噪声卫生标准》。

6.1.2.2 噪声评价标准

A 声环境质量标准

2008 年 10 月 1 日实施的《声环境质量标准》（GB 3096—2008）规定了五类环境功能区的环境噪声限值及测量方法。该标准适用于声环境质量评价与管理。机场周围区域不适用于该标准。按区域的使用功能特点和环境质量要求，声环境功能区分为以下五种类型。

0 类声环境功能区：指康复疗养区等特别需要安静的区域。

1 类声环境功能区：指以居民住宅、医疗卫生、文化教育、科研设计、行政办公为主要功能，需要保持安静的区域。

2 类声环境功能区：指以商业金融、集市贸易为主要功能，或者居住、商业、工业混杂，需要维护住宅安静的区域。

3 类声环境功能区：指以工业生产、仓储物流为主要功能，需要防止工业噪声对周围环境产生严重影响的区域。

4 类声环境功能区：指交通干线两侧一定距离之内，需要防止交通噪声对周围环境产生严重影响的区域，包括 4a 类和 4b 类两种类型：4a 类为高速公路、一级公路、二级公路、城市快速路、城市主干路、城市次干路、城市轨道交通（地面段）、内河航道两侧区域；4b 类为铁路干线两侧区域。

各类声环境功能区使用表 6-1 所列环境噪声等效声级限值。

表 6-1　环境噪声限值

声环境功能区类别		时　段	
		昼间	夜间
0 类		50	40
1 类		55	45
2 类		60	50
3 类		65	55
4 类	4a 类	70	55
	4b 类	70	60

B　工业企业噪声卫生标准

1980 年 1 月 1 日开始试行的《工业企业噪声卫生标准》规定，对于新建、扩建、改建的工业企业的生产车间和作业场所的工作地点，其噪声标准为 85dB(A)（A 声级是模拟人耳对 55dB 以下低强度噪声的频率特性，实践证明，A 声级表征人耳主观听觉较好，A 声级单位用 dB(A) 表示）；对于现有企业经过努力，暂时达不到标准的，其噪声容许值可取 90dB(A)；对于每天接触噪声不到 8h 的工种，根据企业种类和条件，噪声标准可按表 6-2 适度放宽。

表 6-2　车间内部允许噪声级

每个工作日噪声暴露时间/h	8	4	2	1
新建、扩建、改建企业允许噪声级/dB(A)	85	88	91	94
现有企业的允许噪声级/dB(A)	90	93	96	99
最高噪声级/dB(A)	不得超过 115			

我国的《工业企业噪声卫生标准》对噪声的频谱特性未作明确的规定。国际标准化组织曾先后建议噪声评价数 NR = 85dB、NR =

80dB 作为听力损失的危险标准,这与上述标准一致,可作为使用时的参考。

C 工业企业厂界环境噪声排放标准

2008 年 10 月 1 日实施的《工业企业厂界环境噪声排放标准》(GB 12348—2008)规定了工业企业和固定设备厂界噪声排放限值及其测量方法。该标准适用于工业企业噪声排放的管理、评价及控制。标准规定,工业企业厂界环境噪声不得超过表 6-3 规定的排放限值。

表6-3 工业企业厂界环境噪声排放限值　　　dB(A)

厂界外环境功能区类别	时　　段	
	昼间	夜间
0 类	50	40
1 类	55	45
2 类	60	50
3 类	65	55
4 类	70	55

D 《工业企业噪声控制设计规范》(GBJ 87—1985)

《工业企业噪声控制设计规范》规定了工业企业厂区内各类发点噪声 A 声级的噪声限值,见表 6-4,表中限值为工作 8h 的情况。当每天噪声暴露时间不足 8h,按噪声暴露时间减半,噪声限值增加 3dB(A)处理。表内的室内背景噪声是指室内无声源发声条件下,从室外经由墙、门、窗(门窗开闭状态为常规状态)传入室内的平均噪声值。

表6-4 工业企业厂区内各类地点噪声标准　　　dB(A)

地点类别		噪声限值
生产车间及作业场所(工人每天连续接触噪声 8h)	无电话通话要求时	90
	有电话通话要求时	75
高噪声车间设置的值班室,观察室、休息室(室内噪声背景值)		70
精密装配线、精密加工车间的工作地点、计算机房(正常工作状态)		70

续表6-4

地点类别	噪声限值
车间所属办公室、实验室、设计室（室内背景噪声级）	70
主控制室、集中控制室、通信室、电话总机室、消防值班室（室内背景噪声级）	60
厂部所属办公室、会议室、设计室、中心实验室（包括试验、化验、计量室）（室内背景噪声级）	60
医务室、教室、哺乳室、托儿所、工人值班宿舍（室内背景噪声级）	55

E　建筑施工场界环境噪声排放标准

2012年7月1日实施的《建筑施工场界环境噪声排放标准》（GB 12523—2011）规定了建筑施工场界环境噪声排放限值及测量方法。该标准适用于周围有噪声敏感建筑物的建筑施工噪声排放的管理、评价及控制，不适用于抢修、抢险施工过程中产生噪声的排放监管。建筑施工过程中场界环境噪声不得超过表6-5规定的排放限值。

表6-5　建筑施工场界环境噪声限值　　　　dB（A）

昼间	夜间
70	55

6.1.3　噪声控制技术

根据声波的传播特性，噪声的控制技术分为吸声技术、隔声技术、消声技术。

6.1.3.1　吸声技术

吸声的基本原理是利用一定的吸声材料或吸声结构来吸收声能，从而达到降低噪声强度的目的。吸声材料降噪是利用吸声材料松软多孔的特性来吸收一部分声波，当声波进入多孔材料的孔隙之后，能引起孔隙中的空气和材料的细小纤维发生振动，由于空气与孔壁的摩擦阻力、空气黏滞阻力和热传导等的作用，相当一部分声能就会转变成热能而耗散掉，从而起着吸声降噪作用。

工业与民用建筑的墙壁一般是由硬而实的材料构成，如混凝土天花板、抹灰墙面及水泥地面等。这些材料与空气的特性阻抗相差较大，吸声能力较小，反射能力较强，入射声波遇到此类壁面很容易发生反射。如果室内声源向空间辐射声波时，接收者听到的不仅有从声源直接传来的直达声，还有经过壁面一次和多次反射形成的混响声。当两个声音到达人耳的时间差在50ms之内时，人耳往往分辨不出是两个声音。因而由于直达声与混响声的叠加，会增强接收者听到的声音强度。同一台机器在室内时，给人的感觉比在室外响得多。试验表明，在室内离噪声源较远区域的声音强度，可比室外高出约10dB（A）左右。

能够吸收较高声能的材料或结构称为吸声材料或吸声结构。如果将吸声材料或吸声结构安装在房间内表面，使其吸收部分入射到壁面上的声能，使反射声减弱，接收者听到的只有直达声和已减弱的混响声，使总噪声级降低。这种降低噪声的方法在工程上称做吸声技术，简称吸声。吸声处理可使一般建筑室内的噪声级降低3~5dB（A），使混响声较强的车间降低6~10dB（A）。

6.1.3.2 隔声技术

用构件将噪声源和接收者分隔开，阻断噪声在空气中的传播，从而达到降低噪声目的的措施，称做隔声。采用隔声措施控制噪声，工程上称为隔声技术。隔声技术是噪声控制中常用的技术之一，常见的隔声处理方式有隔声墙、隔声间、隔声罩和隔声屏障等。对于隔声的研究可分为两类：一是空气声的隔绝，二是固体声的隔绝。

6.1.3.3 消声技术

消声技术是通过消声器的应用降低噪声。消声器是消减气流噪声的装置，把它接在管道中或进、排气口上，能让气流通过，对噪声具有一定的消减作用。

消声器的性能主要从三个方面进行评价：

一是消声性能，包括消声量的大小和频谱特性（消声频率范围的宽窄）两个方面。消声量一般用传声损耗和插入损失来表示，也可以用排气口或进气口处两端声级表示。消声器的频谱特性一般以倍频程、1/3 倍频程等的消声量来表示。

二是空气动力性能，阻力损失通常是用消声器入口和出口的全压差来表示。在气流通道上安装消声器，必然会影响空气动力设备的空气动力性能。如果只考虑消声器的消声性能而忽略空气的动力性能，则在某种情况下，消声器可能会使设备的效能大大降低，甚至无法正常使用。

三是结构性能，结构性能对于具有同样消声性能和空气动力性能的消声器的使用具有十分重要的现实意义。一般情况，几何尺寸越小，使用寿命越长，则结构性能越好。

6.1.4　噪声叠加计算

分贝的相加可用查表法（表 6-6）。

例：$L_1 = 100dB$，$L_2 = 98dB$，求 $L_{1+2} = ?$

解：先算出两个声音的分贝差，$L_1 - L_2 = 2dB$，再查表或查图找出 2dB 相应的增值 $\Delta L = 2.1dB$，然后加在分贝大的 L_1 上，得出 L_1 与 L_2 的和 $L_{1+2} = 100 + 2.1 = 102.1$，取整数为 102dB。

表 6-6　两噪声源叠加的声压级增值表

声级差（$L_1 - L_2$）/dB	0	1	2	3	4	5	6	7	8	9	10
增值 ΔL	3.0	2.5	2.1	1.8	1.5	1.2	1.0	0.8	0.6	0.5	0.4

习题 6-1

求 70、76、73、82、70、79dB 的声压级叠加后的总声压级。

6.1.5　噪声监测

城市环境噪声监测采用下列测量仪器和测量条件：

（1）测量仪器：精度 2 型以上的积分式声级计及环境噪声自动监测仪器。

（2）测量条件：无雨、无雪的天气条件。风速达 5.5m/s 以上时，停止测量。

（3）测量时间：分为白天（6:00 ~ 22:00）和夜间（22:00 ~

6:00）两段。

6.1.5.1 城市区域环境噪声监测

A 网格测量法

将要测量的城市某区域划分成多个等大的正方形网格，网格要完全覆盖被普查的区域。

B 定点测量法

在标准规定的城市建成区中，优化选取一个或多个能代表某一区域或整个城市建成区环境噪声平均水平的测点，进行 24h 连续监测。测量每小时的 L_{Aeq} 及昼间的 L_d 和夜间的 L_n 可按网格测量法的测量方法测量。将每一小时测得的连续等效 A 声级按时间排列，得到 24h 的声级变化图形，用于表示某一区域或城市环境噪声的时间分布规律。

C 城市交通噪声监测

测点应选在两路口之间、道路边人行道上、离车行道的路沿 20cm 处，此处离路口应大于 50m，这样该测点的噪声可以代表两路口间的该段道路的交通噪声。

6.1.5.2 工业企业噪声监测方法

测量工业企业噪声时，传声器的位置应在操作人员的耳朵位置，但测量时人须离开。

测点选择的原则是：

（1）若车间内各处 A 声级波动小于 3dB，则只需在车间内选择 1~3 个测点；

（2）若车间内各处声级波动大于 3dB，则应按声级大小，将车间分成若干区域，这些区域必须包括所有工人为观察或管理生产过程而经常工作、活动的地点和范围。

6.2 电磁辐射污染监测

6.2.1 电磁辐射基础知识

电场和磁场的交互变化产生电磁波。电磁波向空中发射或泄露的现象，叫电磁辐射。电磁辐射又称电子烟雾，由空间共同移送的电能量和磁能量所组成，而该能量是由电荷移动所产生的。

电磁辐射是以一种看不见、摸不着的特殊形态存在的物质。人类生存的地球本身就是一个大磁场，它表面的热辐射和雷电都可产生电磁辐射。太阳及其他星球也从外层空间源源不断地产生电磁辐射。围绕在人类身边的天然磁场、太阳光、家用电器等都会发出强度不同的辐射。电磁辐射是物质内部原子、分子处于运动状态的一种外在表现形式。

电磁辐射的形式为在真空中或物质中的自传播波。电磁辐射有一个电场和磁场分量的振荡，分别在两个相互垂直的方向传播能量。电磁辐射根据频率或波长分为不同类型包括：无线电波、微波、太赫兹辐射、红外辐射、可见光、紫外线、X 射线和 γ 射线。

电磁辐射所衍生的能量，取决于频率的高低，频率愈高，能量愈大。频率极高的 X 光和 γ 射线可产生较大的能量，能够破坏合成人体组织的分子。事实上，X 光和 γ 射线的能量之巨，足以令原子和分子电离化，故被列为"电离"辐射。

这两种射线虽具医学用途，但照射过量将会损害健康。X 光和 γ 射线所产生的电磁能量，有别于射频发射装置所产生的电磁能量。射频装置的电磁能量属于频谱中频率较低的那一端，不能破解把分子紧扣在一起的化学键，故被列为"非电离"辐射。

电磁辐射的来源有许多种。人体内外均布满由天然和人造辐射源所发出的电能量和磁能量；闪电便是天然辐射源的例子之一。至于人造辐射源，则包括微波炉、收音机、电视广播发射机和卫星通讯装置等。

电磁辐射分两个级别：工频段辐射和射频电磁波。工频段的单位是 μT，辐射在 $0.4\mu T$ 以上属于较强辐射，属于危险值，对人体有一定危害；射频电磁波的单位是 $\mu W/cm^2$，如果在 $20\mu W/cm^2$ 以上，属于严重超标。

6.2.2　射频辐射防护措施

射频辐射的防护措施一般有屏蔽、远距离控制和自动化作业、吸收和个体防护等方法。

屏蔽可分为电场屏蔽与磁场屏蔽两种。电场屏蔽是用金属板或金属网等良导体或导电性能好的非金属制成屏蔽体进行屏蔽,屏蔽体应有良好的接地。辐射的电磁能量在屏蔽体上引起的电磁感应电流可通过地线注入大地。一般场合,电场屏蔽用的屏蔽体多选用紫铜、铝等金属材料制造。

磁场屏蔽就是利用磁导率很高的金属材料封闭磁力线。当磁场变化时,屏蔽体材料感应出涡流,产生方向与原来磁通方向相反的磁通,阻止原来的磁通穿出屏蔽体而辐射出去。

远距离控制和自动化作业是根据射频电磁场随距离的加大而迅速衰减的原理,可实行远距离控制或实现自动化。

在实际防护上,采用能量吸收材料防止微波辐射是一项行之有效的技术措施,吸收材料大致可分为两类:一类为谐振型吸收材料,另一类为匹配型吸收材料。

实行微波作业的工作人员必须采取个人防护措施。个人防护用品主要有金属屏蔽服、屏蔽头盔和防护眼镜等。

6.2.3 高频设备的电磁辐射防护

高频电流发生器是典型的高频设备,其最危险的是振荡管阳极线路上的高压交流电和直流电,因此设备的所有可能导电的部分,除去感应圈以外,都需要遮盖起来。

高频设备电磁辐射的防护所针对的是设备使用时所产生的电磁场的防护,主要措施有场源的屏蔽和屏体的接地。

6.2.4 微波设备的电磁辐射防护

针对微波设备所产生的电磁辐射的主要防护措施有以下几类:
(1)减少与降低微波场源的直接辐射;
(2)工作地点实行屏蔽或加大场源与工作部位距离;
(3)个体防护;
(4)卫生预防;
(5)制定安全操作规程。

6.2.5 放射性污染基础知识

构成环境辐射的射线主要来源于以下几方面：

（1）宇宙射线，包括从宇宙空间进入地球大气的高能辐射——初级宇宙射线，及初级宇宙射线和大气中的原子核相互作用产生的次级粒子和电磁辐射——次级宇宙射线。

（2）地球表面、大气及建筑材料等所含有的天然放射性核素。

（3）因人类活动而散布到环境中的天然放射性物质，包括煤电厂运行和含放射性物质的各种金属、非金属矿开采产生的含天然放射性核素的气体、液体排放物及固体废物。

（4）核燃料循环过程中各核设施及工业、农业、医学等部门中的同位素应用设施向大气和水环境释放的放射性物质及储存的放射性固体废物。

（5）大气层核爆炸产生的放射性落灰。

（6）因工作不慎而散落于环境中的放射性物质。

（7）使用封闭型辐射源，因屏蔽不好造成的环境外照射辐射场。

放射性物质进入人体的途径主要有三种：呼吸道吸入、消化道食入、皮肤或黏膜侵入。

从呼吸道吸入的放射性物质，吸收程度与其气态物质的性质和状态有关。难溶性气溶胶吸收较慢，可溶性气溶胶吸收较快；气溶胶粒径越大，在肺部的沉积越少。气溶胶被肺泡膜吸收后，可直接进入血液，流向全身。

消化道食入是放射性物质进入人体的重要途径。放射性物质既能被人体直接摄入，也能通过生物体，经食物链途径进入体内

皮肤对放射性物质的吸收能力波动范围较大，一般在 1%～1.2% 左右。经由皮肤侵入的放射性污染物，能随血液直接输送到全身。由伤口进入的放射性物质吸收率较高。

放射性物质进入人体后，要经历物理、物理化学、化学和生物学四个辐射作用的不同阶段。当人体吸收辐射能之后，先在分子水平发生变化，引起分子的电离和激发，尤其是大分子的损伤。有的发生在瞬间，有的需经物理的、化学的以及生物的放大过程，才能显示所致

组织器官的可见损伤，因此需经过较长时间，甚至延迟若干年后才表现出来。

6.2.6 辐射污染防治技术

辐射危害随辐射物剂量的增加而增大，所以为了达到辐射防护的目的，必须采取有效措施，将辐射工作人员和公众可能受到辐射的辐射剂量减至可以合理达到的最低水平。通常采取的措施有技术措施和管理措施。

辐射防护的目的，是采取一定的防护措施后，将人体受到的辐射危害限制在可以接受的水平。这就要求给出剂量当量的限制。这种情况下的剂量当量限制，就是辐射防护的标准。所以，辐射防护的基本问题是描述危害程度的物理量、根据危害作用建立的防护标准以及实施防护的各种技术。国际辐射防护委员会（International Commission on Radiological Protection，ICRP）提出了辐射防护的三原则：辐射实践正当化、辐射防护最优化和个人剂量当量限值。这三条原则是一个有机整体，实施辐射防护时，不能只考虑其中的一条或两条。

在辐射防护中，主要针对辐射效应本身，而不是辐射的入射方向。所以，外照辐射防护有三种基本方法：即时间防护、距离防护和屏蔽防护。

时间防护就是以减少工作人员受照射的时间为手段的一种防护方法。为达到减少受照时间，应提高操作技术的熟练程度，采用机械化，自动化操作，严格遵守规章制度，以及减少在辐射场的不必要停留等。

根据照射量率与距离的平方成反比的特性，距离增加一倍，照射量率则将降为原来的四分之一。因此离源越远，照射量越低，在相同时间内受到的照射量也越小。在实际工作中，采用机械操作或采用长柄的工具操作等，就是距离防护的具体应用。

屏蔽防护是在辐射源和工作人员之间设置由一种或数种能减弱射线的材料构成的物体，从而使穿透屏蔽物入射到工作人员的射线减少，以达到降低工作人员所受剂量的目的。

6.2.7　放射性废物的处理与处置

使放射性废物变成适合于最终处置的形式的过程叫放射性废物处理。处理一般要经过净化和减容以及固化包装两个阶段。处理的目标是减少放射性废物随流出物排入环境的数量，同时把废物中绝大部分放射性物质集中到体积尽量小的稳定的固体中以待处置。

放射性废气包含放射性气溶胶和放射性气体。对于放射性气溶胶，可采用预过滤器与高效过滤器组成的净化系统来滤除；对于短寿命的气态放射核素，可采用吸附器来脱除；对于半衰期长的气态放射核素，可采用溶液吸收法和固体吸附法来滤除。

放射性液体的处理一般要经过净化浓集与固化包装两步。净化浓集常采用蒸发法、离子交换法和化学沉淀法等方法，固化过程常采用水泥固化法、沥青固化法、塑料固化法和玻璃固化法等方法。

放射性废物的处置是放射性废物管理中最后一个环节，处置分排放与隔离两种形式。排放处置是将净化后的废气或废液排入环境，使其在大气或水体中进一步得到稀释分散。隔离处置是将浓集固化后的废物放到与人类生活环境隔离的场所。

中、低放废物是比活度低并且不含长寿命核素的放射性废物，一般采取浅地层埋藏、废矿井和岩洞处置、水力压裂处置和深井注入等方式。高放废物是具有很高比活度和释热量并且含有一些寿命极长的核素，目前能采用的处置形式是深地层处置，即把废物埋入地下几百米甚至千余米的地层中。

6.3　光污染监测

6.3.1　光污染的产生及危害

狭义的光污染指干扰光的有害影响，其定义是："已形成的良好的照明环境，由于逸散光而产生被损害的状况，又由于这种损害的状况而产生的有害影响。"逸散光指从照明器具发出的，使本不应是照射目的物的物体被照射到的光。干扰光是指在逸散光中，由于光量和光方向，使人的活动、生物等受到有害影响，即产生有害影响的逸散光。

　　广义光污染指由人工光源导致的违背人的生理与心理需求或有损于生理与心理健康的现象，包括眩光污染、射线污染、光泛滥、视单调、视屏蔽、频闪等。广义光污染包括了狭义光污染的内容。

　　广义光污染与狭义光污染的主要区别在于：狭义光污染的定义仅从视觉的生理反应来考虑照明的负面效应，而广义光污染则向更高和更低两个层次做了拓展。在高层次方面，包括了美学评价内容，反映了人的心理需求；在低层次方面，包括了不可见光部分（红外光、紫外光、射线等），反映了除人眼视觉之外，还有环境对照明的物理反应。光污染属于物理性污染，它有两个特点，一是光污染是局部的，会随距离的增加而迅速减弱；二是在环境中不存在残余物，光源消失，污染即消失。国际上一般将光污染分成三类，即白亮污染、人工白昼和彩光污染。

　　（1）白亮污染来自于太阳光照射强烈时，城市里建筑物的玻璃幕墙、釉面砖墙、磨光大理石和各种涂料等装饰反射光线。长时间在白色光亮污染环境下工作和生活的人，视网膜和虹膜都会受到程度不同的损害，视力急剧下降，白内障的发病率高达45%。还使人头昏心烦，甚至发生失眠、食欲下降、情绪低落、身体乏力等类似神经衰弱的症状。

　　（2）人工白昼是夜幕降临后，商场、酒店上的广告灯、霓虹灯闪烁夺目，令人眼花缭乱。有些强光束甚至直冲云霄，使得夜晚如同白天一样，即所谓人工白昼。过度照明是对能源的无意义使用，造成浪费，美国每天由于"过度照明"所浪费的能源相当于200万桶石油。人工白昼还对生态环境产生破坏，如伤害鸟类和昆虫，强光可能破坏昆虫在夜间的正常繁殖过程。

　　（3）彩光污染是指娱乐场所安装的黑光灯、旋转灯、荧光灯以及闪烁的彩色光源构成的污染。据测定，黑光灯所产生的紫外线强度大大高于太阳光中的紫外线强度，且对人体有害影响持续时间长。人如果长期接受这种照射，可诱发流鼻血、脱齿、白内障，甚至导致白血病和其他癌变。彩色光源让人眼花缭乱，不仅对眼睛不利，而且干扰大脑中枢神经，使人感到头晕目眩，出现恶心呕吐、失眠等症状。

要是人们长期处在彩光灯的照射下，其心理积累效应也会不同程度地引起倦怠无力、头晕，神经衰弱等身心方面的病症。

光污染除了对人体健康产生影响外，也会影响到动植物的生存，产生生态破坏。人工白昼会伤害鸟类和昆虫。鸟类在迁徙期最易受到人工光的干扰。它们在夜间是以星星定向的，城市的照明光却常使它们迷失方向。据美国鸟类专家统计，每年都有 400 万只候鸟因撞上高楼上的广告灯而死去。城市里的鸟还会因灯光而不分四季，在秋季筑巢，结果因气温过低而冻死。强光可能破坏昆虫在夜间的正常繁殖过程。研究发现，1 只小型广告灯箱 1 年可以杀死 35 万只昆虫，而这又会导致大量鸟类因失去食物而死亡，同时还连带破坏了植物的授粉。一些动物受到人工照明的刺激后，夜间也精神十足，消耗了用于自卫、觅食和繁殖的精力。习惯在黑暗中交配的蟾蜍的某些品种已濒临灭绝。海龟也受到光污染的影响。在 2001 年的幼龟出生期，大西洋沿岸到处都可以看到死海龟。新孵出的海龟通常是根据月亮和星星在水中的倒影而游向水中的。但由于地面光超过了月亮和星星的亮度，使刚出生的小海龟误把陆地当海洋，因缺水而丧命。强烈的光照提高了周围的温度，对草坪和植被的生长不利。紧靠强光灯的树木存活时间短，产生的氧气也少。过度的照明还会导致农作物抽穗延迟、减收。

6.3.2　光污染防治措施及评价标准

从司法实践和理论层面来看，现在人们普遍认为光污染在我国环境保护法领域尚属于立法空白点。但事实上，我国现行民事法律法规中已经具有了处理光污染案件的法律依据，只是民法中对光污染侵害的救济条款尚存在局限性，因此需进一步完善立法，并解决司法实践中具体实施的问题。《中华人民共和国民法通则》（以下简称《民法通则》）第 83 条规定："不动产的相邻各方，应当按照有利生产、方便生活、团结互助、公平合理的精神，正确处理截水、排水、通行、通风、采光等方面的相邻关系。给相邻各方造成妨碍或者损失的，应当停止侵害，排除妨碍，赔偿损失。"

我国光污染防治的原则是"以防为主，防治结合"。基于这个原则，在开始规划设计城市建设时，就应注意防止光污染，也就是从源头防治光污染，实现城市建设与防治光污染双达标的要求。由于与其他环境污染相比，光污染很难通过分解、转化和稀释等方式消除或减轻。因此，防治应以预防为主，把光污染消除在萌芽状态下。解决光污染的具体措施有以下几条：

第一，依法进行环境影响评价是有效预防光污染的前提。环境影响评价是指对规划和建设项目实施后可能造成的环境影响进行分析、预测和评估，提出预防或者减轻不良环境影响的对策和措施，进行跟踪检测的方法与制度。它是为了在从事有害环境活动前就弄清该活动对环境的影响，以便采取有效措施尽可能地防止其不利影响的发生。它是实现预防为主原则的最有效的途径之一。

第二，全面规划、合理布局。在积极治理老的环境问题的同时，严格控制新的环境污染和破坏问题。在闹市区、居民密集区、交通要道等处，不宜设置玻璃幕墙，或采取高层部分使用的方法解决光污染问题。不在高层建筑上大面积使用隐框玻璃幕墙，而可采用铝板幕墙间隔使用。采用对可见光的反射小于基底玻璃的反射率，达到反射率小于2%的无白光污染的幕墙玻璃，作为建筑物的墙面材料。

第三,制定防治光污染的技术性的法律规范。目前我国还没有建立起全面的光污染监测和控制的标准。业内专家建议在环境保护法规中增加防治光污染的内容,强调城市夜景照明要严格按照照明标准设计,改变认为夜景照明越亮越好的错误观念。教育人们科学使用灯光,注意调整亮度,白天尽量使用自然光,避免强光刺激。重要的是,消除光污染必须全社会行动起来,要建立健全法律法规,采取综合治理措施。

6.4 噪声控制与监测实测

实训1 噪声控制技术的实际应用－柴油发电机房噪声控制工程

A 噪声源

柴油发电机组是动力系统中噪声级较高的设备之一。据现场类比测试，该类机组在未做声学处理的机房内，距离机组 1m 处的噪声级可达 104dB，其频率特性以低、中频为主，噪声级峰值频率范围为 125~2000Hz。机房进、排风口处噪声级分别是 93dB 和 96dB。距排烟道口 2m 处为 86dB（已安装与机组配套的抗性消声器）。机房噪声向外传播的主要途径有进、排气口，排烟道出口，机房围护结构的薄弱环节（如输油管道接口，隙缝、门和墙体的声透射）。

B　治理措施

a　机房进风口片式阻性消声器

经计算确定进风消声器尺寸：长宽高分别为 3000mm、3000mm、2600mm，片厚 200mm，片间距 150mm，内填密度为 32kg/m³ 的离心玻璃棉，外包无碱玻璃棉；护面板为镀锌空孔钢板，板厚 1mm，孔直径 5mm，穿孔率大于 20%。设计消声量为≥25dB。

b　机房排风口片式阻性消声器

排风口消声器尺寸：长、宽、高分别为 3000mm、2000mm、2000mm，有关参数的确定与进风消声器相同。设计消声量为 25dB。

c　排烟道阻抗复合式消声器

排烟道出口位于机房屋顶，辐射噪声以低频为主，峰值位于 125Hz 左右。由排烟扩容室和片式阻性消声器组合而成。设计消声量为 25dB

d　机房内壁面吸声处理

为降低机房内的混响声，同时也减少机房向外辐射的声能，拟在机房平顶和周围内墙面安装吸声结构。设计降噪量为 10dB。

e　机房隔声门

大楼和机房相连的门采用多层轻质隔声门。设计隔声量 35dB。

实训 2　校园声环境质量现状监测与评价

A　实验目的

（1）通过实验使学生掌握监测方案的制订过程和方法，学会监测点位的布设和优化。

（2）掌握声级计的使用方法。

（3）学会环境质量标准的检索和应用。

（4）根据监测数据和声环境质量标准评价声环境质量现状。

B　实验仪器

（1）声级计。

（2）标准声源。

（3）计数器。

C　实验要求

（1）能够根据监测对象的具体情况优化布设监测点位，选择监测时间和监测频率，制订监测方案。

（2）能够熟练使用声级计并用标准声源对其进行校准。

（3）能采用正确的方法对实验数据进行处理，根据监测报告的要求给出监测结果。

（4）学会环境质量标准的检索和应用，并根据监测结果对监测对象进行环境质量评价。

（5）独立编制监测报告（评价报告）。

D　实验内容

（1）制订详细、周全、可行的监测方案，画出校园平面布置图并标出监测点位。

（2）按照监测方案在各监测点位上监测昼、夜噪声瞬时值并记录。

（3）对监测数据进行处理，给出校园声环境质量现状值。

（4）查阅我国现行《声环境质量标准》（GB 3096—2008），根据监测结果判断校园声环境质量是否达标，若不达标，须分析原因。

（5）根据监测结果评价校园声环境质量现状。

E　实验步骤

a　测量条件

（1）测量要求在无雨、无雪的天气条件下进行；声级计的传声器膜片应保持清洁；风力在三级以上时，必须加防风罩（以避免风噪声干扰）；遇五级以上大风，应停止测量。

（2）手持仪器测量，传声器要求距离地面1.2m。

b　测量步骤

（1）将校园（或某一地区）划分为 25m×25m 的网格，监测点位选在每个网格的中心。若中心点的位置不宜测量，可移动到旁边能够测量的位置。

（2）每组二人配置一台声级计。各网格监测点位顺序测量。在各监测点位分别测昼间和夜间的噪声值。

（3）读数方式用慢挡，每隔 5s 读一个瞬时 A 声级，连续读取 200 个数据。读数同时要判断和记录附近主要噪声源（如交通噪声、施工噪声、工厂或车间噪声等）和天气条件。

F　实验结果与数据处理

环境噪声是随时间而起伏的无规律噪声，因此测量结果一般用统计值或等效声级来表示。本实验用等效声级表示。

将各监测点位每次的测量数据（200 个）顺序排列，找出 L_{10}、L_{50}、L_{90}，求出等效声级 L_{eq}，再对该监测点位全天的各次 L_{eq} 求算术平均值，作为该监测点位的环境噪声评价量。

根据声环境功能区划，确定校园属几类区，应执行几类标准。查阅我国《声环境质量标准》（GB 3096—2008），找出标准值，并将监测结果与标准值对照，判断校园声环境质量是否达标。

也可以 5dB 为一等级，用不同颜色或阴影线绘制校园噪声污染图。图例表示按表 6-7 绘制。

表 6-7　噪声污染图例

噪 声 带	颜 色	阴 影 线
35dB 及以下	浅绿色	小点，低密度
36~40dB	绿色	中点，中密度
41~45dB	深绿色	大点，高密度
46~50dB	黄色	垂直线，低密度
51~55dB	褐色	垂直线，中密度
56~60dB	橙色	垂直线，高密度
61~65dB	朱红色	交叉线，低密度
66~70dB	洋红色	交叉线，中密度

噪 声 带	颜 色	阴 影 线
71~75dB	紫红色	交叉线，高密度
76~80dB	蓝色	宽条垂直线
81~85dB	深蓝色	全黑

G 讨论

（1）什么是等效声级，在噪声测量中有何作用？

（2）简述声级计的基本组成、结构和基本性能。

（3）简述声级计的使用步骤。

附录：声级计的使用方法（以 HS5633A 型数字声级计为例）

A 准备

（1）按下"电源按键（ON）"，接通电源，预热 0.5min，使整机进入稳定的工作状态。

（2）电池电压下降到正常工作电压以下，即显示器出现"："时，应更换电池。

B 声级过载指示设定

（1）将"功能选择开关"置于"设定"。

（2）用螺丝刀调节"声级设定电位器"，使显示器显示所要的声级。

（3）将"功能选择开关"置于"测量"。

注意：设定结束后，当输入声级超过设定的声级时，过载指示灯亮。设定已在实验前进行，实验时将"功能选择开关"直接拨至"测量"位即可。

C 测量

（1）将"时间计权特性选择开关"置于"F（快）"或"S（慢）"。

（2）将"功能选择开关"置于"测量"。

（3）显示器上的读数即为测量结果。

注意：测量最大声级时，按一下"最大值保持开关"，显示器上出现箭头号并保持显示测量期间的最大声级。

7 突发性环境污染事件监测及实训

7.1 突发性污染事件概述

7.1.1 突发事件和突发性环境污染事故

7.1.1.1 突发性环境污染事故的定义及产生原因

突发性环境污染事故产生的原因一般有：生产事故、贮运事故、自然灾害和人类战争。

7.1.1.2 突发性环境污染事故的分类和特征

根据事故发生原因、主要污染物性质和事故表现形式等，生产事故可以分为七类：有毒有害物质污染事故自然灾害、毒气污染事故、爆炸事故、农药污染事故、放射性污染事故、油污染事故、废水非正常排放污染事故。

突发性环境污染事故的特征有以下几种：形式多样性，发生的突然性，危害的严重性，处理处置的艰巨性，事故的规律性。

7.1.2 应急监测

7.1.2.1 应急监测的任务和内容

应急监测是一种特定目的的监测，它要求监测人员在第一时间到达事故现场，按预案顺序开展工作，通过现场了解并用小型便携、快速检测仪器或装置，在尽可能短的时间内判断和测定污染物的种类、污染物的浓度、污染范围、扩散速度及危害程度，为上级领导决策提供科学依据。

7.1.2.2 应急监测的原则

应急监测的原则应该包括预防与应急监测相结合：事先防止污染事故的发生几率；成立应急事故组织机构，在组织、人员、装备、技术、资金等方面充分落实，作好各种情况下的多种预案；一旦发生事故能在最短时间内携带装备到达现场，根据事故现场实际决定监测方案，以最快速度确定污染物种类、数量、浓度以及扩散范围、浓度，为处置决策提供科学依据，将损失降至最低。

7.1.3 污染物扩散浓度估算方法

7.1.3.1 毒性重气泄漏及扩散

A 泄漏气体分类

泄漏气体按下列方式分类：

（1）浮性气云即轻气，密度比空气轻；

（2）中性气云即中气，密度与大气相近；

（3）重质气云即重气，密度比空气大。

B 重气及重气效应

重气具有重气效应，是指重气云团在扩散过程中所具有的特有现象，是在常温常压下介质气相（气体或蒸汽）密度比空气大所导致的云团沉降过程。储存于加压或低温储罐中的某些液化介质，在泄放初期，形成含有液滴夹带的混合蒸气云团，云团平均密度高于空气的密度，从而导致云团的沉降。由于泄漏物质与空气中的水蒸气发生化学反应导致生成物质的密度比空气高，就会出现重气云团。

重气有三种释放形式：

（1）蒸气由容器或管路裂口形成高速气体喷流，迅速与空气混合形成气云；

（2）释放的液体会在地面形成液池，再由空气及地面等的传热作用蒸发而产生蒸气，再与空气混合形成气云；

（3）压力液化气和两相流体，由小洞或减压系统形成高速两相喷流，再与空气混合形成气云。

C 毒性重气泄漏的种类

常见的毒性重气泄漏有：液氯、液氨、液化石油气、氯乙烯、苯、一甲胺、一氧化碳和硫化氢等。

7.1.3.2　污染物地表水扩散

A　收集当地水文资料

当地水文资料包括地理位置、河流的流量、流速、河宽平直情况、是否是感潮河流、丰水期、平水期、枯水期等；湖泊、水库的面积、形状、水深等；海湾、感潮河口以及涨落潮情况等。

B　常用河流水质数学模式及适用条件

（1）河流完全混合模式

$$c = c_0 \exp\left[-(K_1 + K_3)\frac{x}{86400u}\right]$$

适用条件：河流充分混合段；持久性污染物；河流恒定流动；废水连续稳定排放。

（2）河流一维稳态模式及适用条件

$$C_0 = \frac{Q_1 c_1 + Q_2 c_2}{Q_1 + Q_2}$$

适用条件：河流充分混合段；非持久性污染物；河流恒定流动；废水连续稳定排放。

（3）混合过程段长度计算

充分混合段是指污染物浓度在断面上均匀分布的河段；混合过程段是指排放口下游达到充分混合以前的河段。

$$x = \frac{(0.4B - 0.6a)Bu}{(0.058H + 0.0065B)(gHI)^{\frac{1}{2}}}$$

习题 7-1

河边拟建一工厂，排放含氯化物废水，流量 $2.83\text{m}^3/\text{s}$，含盐量 1300mg/L；该河流平均流速 0.46m/s，平均河宽 13.7m，平均水深 0.61m，含氯化物浓度 100mg/L。如该厂废水排入河中能与河水迅速混合，问河水氯化物是否超标（设地方标准为 200mg/L）？

习题 7-2

一河段的 K 断面处有一岸边污水排放口稳定地向河流排放污水，其河水特征为：$B = 50.0\text{m}$，$H_{均} = 1.2\text{m}$，$u = 0.1\text{m/s}$，$I = 9‰$。试计算混合过程污染带长度。

7.2 应急监测方法

7.2.1 简易比色法

用视力比较试样溶液或采样后的试纸与标准色列的颜色深度，以确定欲测组分含量的方法称为简易比色法。常用的有溶液比色法和试纸比色法。

7.2.1.1 溶液比色法

在水质分析中，较清洁的地表水和地下水色度的测定、pH 的测定及某些金属离子和非金属离子的测定可采用此方法。在空气污染监测中，使待测空气通过对待测物质具有吸收兼显色作用的吸收液，则待测物质与吸收液迅速发生显色反应，由其颜色的深度与标准色列比较进行定量。表 7-1 为用溶液比色法测定空气污染物时所用主要试剂及颜色变化。

表 7-1　溶液比色法测定空气污染物所用试剂及颜色变化

被测物质	所用主要试剂	颜色变化
氮氧化物	对氨基苯磺酸、盐酸萘乙二胺	无色→玫瑰红色
二氧化硫	品红、甲醛、硫酸	无色→紫色
硫化氢	硝酸银、淀粉、硫酸	无色→黄褐色
氟化氢	硝酸锆、茜素磺酸钠	紫色→黄色
氨	氯化汞、碘化钾、氢氧化钠	红色→棕色
苯	甲醛、硫酸	无色→橙色

7.2.1.2 试纸比色法

表 7-2 中列出一些试纸比色法的显色剂和颜色变化。

表 7-2　几种污染物质的比色试纸

被测物质	试纸比色试剂	颜色变化
一氧化碳	氯化钯	白色→黑色
二氧化硫	亚硝基五氰络铁酸钠 + 硫酸锌	浅玫瑰色→砖红色

续表 7-2

被测物质	试纸比色试剂	颜色变化
二氧化氮	邻甲联苯胺（或联苯胺）	白色→黄色
光气	（1）二甲基苯胺＋对二甲氨基苯甲醛＋邻苯二甲酸二乙酯 （2）硝基苯甲基吡啶＋苯胺	白色→蓝色 白色→砖红色
硫化氢	醋酸铅	白色→褐色
氟化氢	对二甲氨基偶氮苯脒酸	棕色→红色
氯化氢	甲基橙	黄色→红色
臭氧	邻甲联苯胺	白色→蓝色
汞	碘化亚铜	奶黄色→玫瑰红色
铅	玫瑰红酸钠	白色→红色
二氧化锰	p,p′－四甲基二氨基二苯甲烷＋过碘酸钾	紫色→蓝色

7.2.1.3 植物酯酶片法

植物酯酶片法可用来测定蔬菜、水果上的有机磷农药、酶片由胆碱酯酶固定在纤维素膜上制成，测定时将其碾碎加入浸泡液中，混匀并震荡数次。当蔬菜、水果样品浸泡液中不含有机磷农药时，则依次加入酶片和底物后，底物迅速分解，样品浸泡液很快由橙色变为蓝色；否则，酶片受有机磷农药抑制，底物分解变慢或不分解，导致浸泡液在较长时间内保持橙色不变或呈浅蓝色。

7.2.1.4 人工标准色列

人工标准色列是按照溶液或试纸与被测物质反应所呈现的颜色，用不易退色的试剂或有色塑料制成的对应于不同被测物质浓度的色阶。前者为溶液型色列，后者为固体型色列。

固体型色列可用明胶、硝化纤维素、有机玻璃等作原料，用适当溶剂溶解成液体后，加入不同颜色和不同量的染料，按照标准色列颜色要求调配成色阶，倾入适合的模具中，再将溶剂挥发掉，制成人工比色柱或比色板。

7.2.2 检气管法

检气管法的工作原理：将用适当试剂浸泡过的多孔颗粒状载体填

充于玻璃管中制成，当被测气体以一定流速通过此管时，被测组分与试剂发生显色反应，根据生成有色化合物的颜色深度或填充柱的变色长度，确定被测气体的浓度。

检气管法适用于测定空气中的气态或蒸气态物质，但不适合测定形成气溶胶的物质。该方法具有现场使用简便、测定快速、便于携带并有一定准确度等优点。每种检气管有一定测定范围、采气体积、抽气速度和使用期限，需严格按规定操作才能保证测定准确度。

7.2.2.1 载体的选择与处理

载体的作用、性质和常用品类见图 7-1。

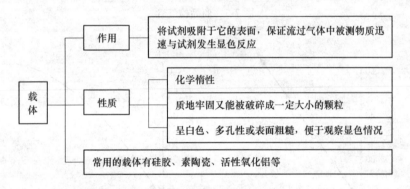

图 7-1 载体的选择与处理

7.2.2.2 检气管玻璃管的封装

检气管玻璃管的封装方法见图 7-2。

图 7-2 检气管玻璃管封装方法

7.2.2.3 检气管的标定

检气管一般采用浓度标尺法标定。

这种方法适用于对管径相同的检气管进行标定。任意选择 5 ~ 10

支新制成的检气管（图7-3），用注射器分别抽取规定体积的5~7种不同浓度的标准气样，按规定速度分别推进或抽入检气管中，反应显色后测量各管的变色柱长度，一般每种浓度重复作几次，取其平均值。以浓度对变色柱长度绘制标准曲线（图7-4）。根据标准曲线取整数浓度的变色柱长度制成浓度标尺，供现场使用。

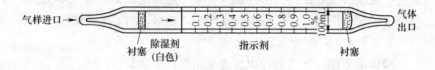

图 7-3　商品检气管

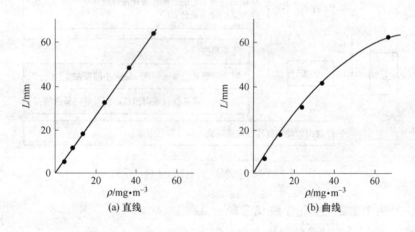

图 7-4　标准曲线图

目前已制出数十种有害气体的检气管，可用于测定大气和作业环境空气中有毒、有害气体，也可以用于测定废水中挥发性的有害物质。

7. 2. 3　环炉技术

环炉技术是将水样滴于圆形滤纸的中央，以适当的溶剂冲洗滤纸中央的微量试样，借助于滤纸的毛细管效应，利用冲洗过程中可能发生沉淀、萃取或离子交换等作用，将试样中的待测组分选择性地洗出，并通过环炉仪加热而浓集在外圈，然后用适当的显色试剂进行显色，从而达到分离和测定的目的。这是一种特殊类型的点滴分析，具有设备简单、成本低廉、便于携带、灵敏度较高和一定准确度等优点，已成功地用于冶金、地质、生化、临床、法医及环境污染等方面的分析检测。

7.2.3.1 基本原理

环炉技术是利用纸上层析作用对欲测组分进行分离、浓缩和定性、定量的过程。

滴于滤纸上的试样中的各组分，由于在冲洗液（流动相）中的迁移速度不同而彼此分开（图7-5），也可以利用沉淀物质在不同溶剂中溶解度的差异进行分离。

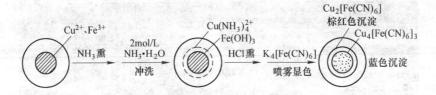

图 7-5 Cu^{2+}、Fe^{3+} 分离示意图

7.2.3.2 环炉技术在环境监测中的应用

据有关资料报导，用环炉法能分析空气和水体中三十余种污染物质。例如，空气中二氧化硫、氮氧化物、硫酸雾、氯化氢、氟化氢和氯气等的测定；空气和水体中铅、汞、铜、铍、锌、镉、锰、铁、钴、镍、钒、锑、铝、银、硒、砷、氰化物、硫化物、硫酸盐、亚硝酸盐、硝酸盐、磷酸盐、氯化物、氟化物、钙、镁、咖啡碱和放射性核素 40Sr 等的测定。

7.3 模拟突发性污染状况应急监测实训

7.3.1 突发事件实例

2010 年 4 月 20 日·事发日

4 月 20 日夜间，美国路易斯安那州附近墨西哥湾海域"深水地平线"钻井平台爆炸，致 11 人死亡、7 人重伤，至少 11 人失踪。

4 月 27 日·事发后第七天

"深水地平线"钻井平台石油泄漏速度已经大幅超出此前的预期，每天有 15 万升原油涌入墨西哥湾，成为美国历史上最严重的原油污染海洋事故。由 4 月 27 日拍摄的图片可见，泄漏出来的原油经过氧化变成了红色（图 7-6 左）。

海岸警卫队和救灾部门提供的图表显示，浮油覆盖面积长 160km，最宽处 72km。从空中看，浮油稠密区像一只只触手，伸向海岸线（图 7-6 右）。

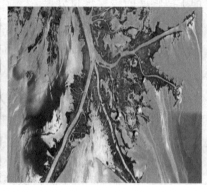

图 7-6   被泄漏石油污染的海面

美国宣布把漏油危机列为国家级灾害。美军参与救灾，在海岸线附近用沙子修建拦油防护堤坝（图 7-7 上左）。

5 月 9 日，美国墨西哥湾"深水地平线"沉没处，一只全身裹满油污的海鸟依附在船身上（图 7-7 上右）；美国帕司克里斯全海滩上一只死去的海龟（图 7-7 下左）。

6 月 3 日，路易斯安那沿岸东格兰德岛海滩，一只鸟陷入油污中（图 7-7 下右）。

美国政府数据显示，清理人员在墨西哥湾海域发现有 547 只鸟类死亡。一些科学家说，一些鸟死亡后因为沉入海底无法精确统计，实际死亡数量无疑远超现有统计数字。

图7-7　受到污染的海岸和海洋生物

7.3.2　突发性环境污染事件应急监测计划制订

7.3.2.1　污染事件发生经过

某市工业园环保局领导上午10:30突然接到一村民举报,某小河被某印染厂直接排放的废水污染,河水已呈红色,当时正值麦子需水期,情况紧急,需要马上解决污染问题。

先致电印染厂,问明事实:8:30左右某施工单位的铲车不慎挖断印染厂靠近小河的排向污水处理站的废水管道,致使印染废水未经处理直接流入河中。该印染厂以化纤印染为主,使用的染料主要为分散染料,废水流量80～100t/h。

7.3.2.2　现场处置

A　现场处置程序

(1) 通知印染厂立即停止生产,阻断废水排放,有关损失容后处置。

（2）立即通知环境保护局、环境监测站有关人员携带必要仪器设备赶赴现场。

（3）立即通知当地农民停止用河水灌溉，有关损失容后处置。

（4）立即通知当地环保部门等相关行政人员赶赴现场。

全部人员到达现场，时间约为 11:00。

B 现场情况

（1）小河宽 6~8m，经测量平均水深 0.6m，上面为断头，向下流速极缓慢，接近零，污染物为自然扩散，看到变为红色的河水部分约长 300m。

（2）取从印染厂排入河口和离排入口约 80m 的两个水样，用试纸测定 pH 值为 7.2。

（3）两个水样分别加混凝剂（碱铝和聚铁），混凝后均能产生明显沉淀，水样同时送环境监测站进行分析。

C 问题的提出

根据现场初步调查，要求环境监测站负责人：

（1）根据情况提出应急处置方案，供领导决策。

（2）进一步观测、监测，提出善后处置方案和生态恢复计划。

7.3.3 提示

本实训要求仿照实际情况，制订应急监测、应急处置、跟踪监测、善后处置、生态恢复方案。也可以研究提供对印染厂、农民和生态恢复的赔偿清单。

（1）应急监测。进一步测量河流断面，计算排入河流总废水量、扩散速度，如确定以加混凝剂作为应急处置方法，则须确定加入混凝剂的种类、加入量，并在最短时间内提供相应数据，计算加入浓度，确定加入方式（按照印染厂正常废水浓度和河水实际情况）。

（2）跟踪监测。在应急处置后直到生态恢复前进行，确定监测项目、监测频率。

（3）生态恢复。参照本河流原始监测数据作为生态恢复依据，制订恢复计划、措施，注意底质清除数量和方法。

在无预案前提下，事件处置顺序大致为：

接举报→电话了解情况→阻断污染源→相关人员现场调查、监测→了解污染物扩散速度、范围、浓度→制订应急处置方案→现场处理→应急终止→追究责任、善后处置→跟踪监测、生态恢复。

参 考 文 献

[1] 奚旦立，孙裕生，刘秀英. 环境监测 [M]. 3 版. 北京：高等教育出版社，2004.

[2] 陈玲，赵建夫. 环境监测 [M]. 北京：化学工业出版社，2008.

[3] 汪葵. 噪声污染控制技术 [M]. 北京：中国劳动社会保障出版社，2010.

[4] 陈万金、陈燕俐、蔡捷. 辐射及其安全防护技术 [M]. 北京：化学工业出版社，2005.

[5] 王亚军. 热污染及其防治 [J]. 安全与环境学报，2004.

[6] 王亚军. 光污染及其防治 [J]. 安全与环境学报，2004.

[7] 廖秀健，阳素. 我国光污染立法现状及其防治措施 [J]. 生态经济，2006 (1).

[8] 吴邦灿，费龙. 现代环境监测技术 [M]. 北京：中国环境出版社，2005.

[9] 魏复盛，国家环境保护总局，水和废水监测分析方法编委会. 水和废水监测分析方法 [M]. 4 版. 北京：中国环境科学出版社，2002.

[10] 魏复盛，国家环境保护总局，水和废水监测分析方法编委会. 水和废水监测分析方法 [M]. 4 版. 增补版. 北京：中国环境科学出版社，2006.

[11] 张兰英，饶竹，刘娜. 环境样品前处理技术 [M]. 北京：清华大学出版社，2008.

[12] 朱良漪. 分析仪器手册 [M]. 北京：化学工业出版社，1997.

[13] 杭州大学化学系分析化学教研室. 分析化学手册（第二分册）[M]. 2 版. 北京：化学工业出版社. 1997.

[14] 何燧源. 环境污染物分析检测 [M]. 北京：化学工业出版社，2001.

[15] 奚旦立. 环境工程手册（环境检测卷）[M]. 北京：高等教育出版社，1998.

[16] 盛美萍、王敏庆、孙进才. 噪声与振动控制技术基础 [M]. 北京：科学出版社，2001.

[17] 洪宗辉、潘仲麟. 环境噪声控制工程 [M]. 北京：高等教育出版社，2001.

[18] 孙英杰，赵由才. 危险废物处理技术 [M]. 北京：化学工业出版社，2006.

[19] 刘凤枝，刘潇威. 土壤和固体废弃物监测分析技术 [M]. 北京：化学工业出版社，2007.

[20] 秦琴，张斌，段传波，等．环境噪声自动监测系统研究进展［J］．中国环境监测，2007，23（6）：38－41．

[21] 奚旦立．突发性污染事件应急处置工程［M］．北京：化学工业出版社，2009．

[22] 王焕校．污染生态学［M］．2版．北京：高等教育出版社，2002．

冶金工业出版社部分图书推荐

书　名	作　者	定价(元)
安全生产与环境保护（第2版）	张丽颖	39.00
安全学原理（第2版）	金龙哲	35.00
大气污染治理技术与设备	江　晶	40.00
大宗工业固体废物综合利用——矿浆脱硫	宁　平	50.00
典型废旧稀土材料循环利用技术	张深根	98.00
典型砷污染地块修复治理技术及应用	吴文卫	59.00
典型新兴有机污染物 PPCPs 的自由基降解机制	苏荣葵	82.00
典型有毒有害气体净化技术	王　驰	78.00
防火防爆	张培红	39.00
废旧锂离子电池再生利用新技术	董　鹏	89.00
粉末冶金工艺及材料（第2版）	陈文革	55.00
高温熔融金属遇水爆炸	王昌建	96.00
贵金属循环利用技术	张深根	136.00
基于"4+1"安全管理组合的双重预防体系	朱生贵	46.00
金属功能材料	王新林	189.00
离子吸附型稀土矿区地表环境多源遥感监测方法	李恒凯	69.00
离子型稀土矿区土壤氮化物污染机理	刘祖文	68.00
锂电池及其安全	王兵舰	88.00
锂离子电池高电压三元正极材料的合成与改性	王　丁	72.00
露天矿山和大型土石方工程安全手册	赵兴越	67.00
钛粉末近净成形技术	路　新	96.00
羰基法精炼铁及安全环保	滕荣厚	56.00
铜尾矿再利用技术	张冬冬	66.00
吸附分离技术去除水中重金属	贾冬梅	40.00
选矿厂环境保护及安全工程	章晓林	50.00
冶金动力学	翟玉春	36.00
冶金工艺工程设计（第3版）	袁熙志	55.00
增材制造与航空应用	张嘉振	89.00
重金属污染土壤修复电化学技术	张英杰	81.00